高等职业教育 土建类专业项目式教材
GAODENG ZHIYE JIAOYU TUJIANLEI ZHUANYE XIANGMUSHI JIAOCAI

U0607156

BUILDING

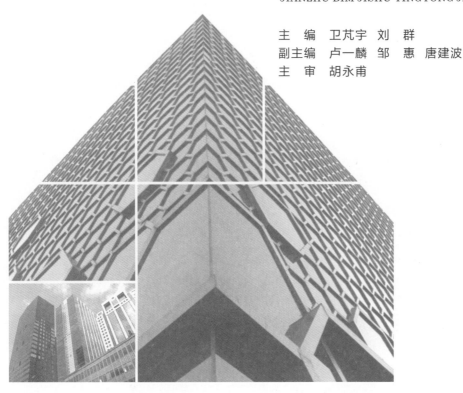

建筑BIM技术应用基础

JIANZHU BIM JISHU YINGYONG JICHU

主　编　卫芃宇　刘　群
副主编　卢一麟　邹　惠　唐建波
主　审　胡永甫

重庆大学出版社

内容提要

本书主要介绍 BIM 技术在建筑行业的应用。为便于读者快速掌握 Autodesk Revit 软件在建筑项目上的应用,本书从实例入手,将 Autodesk Revit 软件的应用实践分为 13 个教学项目,通过对具体案例任务的实际操作,让读者在完成任务的过程中,不仅可以学会 Autodesk Revit 软件的使用,还可以学习提高技能的知识,了解操作中易犯错误及其解决方法。

为便于学习,书中的部分任务配有同步教学视频,并以二维码形式插入相应任务中。

本书可作为高职高专土建类专业教材,也可作为社会相关培训机构的教材以及建筑设计人员、BIM 技术行业应用人员和三维设计爱好者的自学用书或参考用书。

图书在版编目(CIP)数据

建筑 BIM 技术应用基础/卫芃宇,刘群主编.--重庆:重庆大学出版社,2018.10(2024.2 重印)
高等职业教育土建类专业项目式教材
ISBN 978-7-5689-1377-5

Ⅰ.①建⋯ Ⅱ.①卫⋯ ②刘⋯ Ⅲ.①建筑设计—计算机辅助设计—应用软件—高等职业教育—教材 Ⅳ.①TU201.4

中国版本图书馆 CIP 数据核字(2018)第 214211 号

高等职业教育土建类专业项目式教材
建筑 BIM 技术应用基础

主　编　卫芃宇　刘　群
副主编　卢一麟　邹　惠　唐建波
主　审　胡永甫

责任编辑:范春青　王　伟　　版式设计:范春青
责任校对:万清菊　　　　　　　责任印制:赵　晟

*

重庆大学出版社出版发行
出版人:陈晓阳
社址:重庆市沙坪坝区大学城西路 21 号
邮编:401331
电话:(023) 88617190　88617185(中小学)
传真:(023) 88617186　88617166
网址:http://www.cqup.com.cn
邮箱:fxk@ cqup.com.cn(营销中心)
全国新华书店经销
重庆市正前方彩色印刷有限公司印刷

*

开本:787mm×1092mm　1/16　印张:12　字数:309 千
2018 年 10 月第 1 版　　2024 年 2 月第 6 次印刷
印数:11 001—12 000
ISBN 978-7-5689-1377-5　定价:49.00 元

本书如有印刷、装订等质量问题,本社负责调换

编委会人员名单

四川现代职业学院：

卫芮宇　张　灯　陈丽明　刘亚梅

刘　冲　左文丽　冯晓利　张　琴

卜光伟　胡　蕾　邹　惠　王新燕

刘芳语　严　娟

四川长江职业学院：

卢一麟　尹凤霞

华西集团海外事业部：

刘　群

四川奥菲克斯建筑工程有限公司：

唐建波

上海溪瑞建筑设计有限公司：

陶俐华　金　瀛

前　言

Preface

　　先进的科学技术往往是在实际应用的过程中得到了更好的发展和普及。本书作为 BIM 技术在建筑行业中校企合作编写的应用型教材，编写的目标就是降低 BIM 应用软件的学习难度，让学生通过完成任务实例的方式，快速有效地掌握 BIM 软件(Autodesk Revit)具体应用的各种方法。

　　全书分为 13 个教学项目。教学项目 1 介绍了建筑设计基础以及 Autodesk Revit 软件的应用界面和基本操作；教学项目 2 至教学项目 11 通过建筑实例，从标高、轴网的具体操作开始，逐一对墙体、幕墙、柱、梁和结构构件，楼板、天花板，门、窗、屋顶、洞口、楼梯、散水、雨棚、室外台阶，场地以及体量在项目应用上的操作进行了详细的讲解；教学项目 12 介绍了族的操作和使用；教学项目 13 介绍了项目模型生成后的布图与打印。同时各项目针对相关内容做了技能提高的讲解，还列出了操作中易犯错误的地方及其解决方法，方便学生学习提高。

　　在政府和企业的大力推动下，BIM 技术飞速发展，但在实际应用中还存在很多问题和困难。在高职高专教学层面，目前比较全面且系统性地讲解 BIM 技术应用基础的教材还比较匮乏，学生上手学习的难度较大也较难联系建筑项目实际情况。在大规模调研并广泛联系 BIM 技术实施企业的基础上，一线教师会同行业、企业界的专家特意编写了本书。通过本书的学习，学生可快速地建立起在建筑行业中对于 BIM 技术在实际项目中应用的认识；了解并掌握使用 Autodesk Revit 软件完成各项任务的具体操作方法，并能举一反三，提高操作技能应用水平，增强综合解决实际问题的能力。

　　本书编写基于 Autodesk Revit 2016 软件，截至编写完成已有 Autodesk Revit 2019 软件发行。新版本软件新增和增强了多项功能，其中新增的对钢筋和钢结构的支持功能可让使用者在模型中更方便地进行钢筋和钢结构的建模。因时间有限未能在书中体现这部分内容，以后如再版会进行补充。

　　本书为校企合作编写的项目式教材，由卫芃宇、刘群任主编，卢一麟、邹惠、唐建波任副主编，四川现代职业学院胡永甫院长任主审。各项目具体分工如下：项目 1 由陈丽明编写；项目 2 由张灯、邓建辉编写；项目 3 由卜光伟编写；项目 4 由左文丽编写；项目 5 由刘亚梅编写；项目 6 由邹惠编写；项目 7 由胡蕾编写；项目 8 由张琴、邓建辉编写；项目 9 由尹凤霞、刘芳语编写；项目 10 由王新燕编写；项目 11 由卢一麟、严娟编写；项目 12 由刘群、唐建波编写；项目 13 由冯晓丽编写。全书由卫芃宇、邹惠负责统稿及修改工作。

　　本书的编者是在设计、施工一线应用 BIM 技术的专家以及在教育行业执教多年的教师。各位编者花费了大量的心血，力求教材内容清晰易懂、图文并茂，以满足学习和参考的要求。在此,对在本书编写过程中用心关注并提供支持的专家和老师们表示深深的感谢。

因编写人员的时间、经验和能力所限,书中内容难免有偏颇甚至疏漏之处,殷切希望业内专家和读者批评指正。

本书编委会
2018 年 6 月

目　录

Contents

教学项目 1 Autodesk Revit 建筑设计基础

20 世纪以后,各国的能源短缺问题日益突出,大多节能建筑侧重于外观和功能,而忽视了建筑的能效设计,没有对工程方案能耗进行系统的分析与计算,出现的问题层出不穷,这就催生了"可视化"三维数字建模技术即 BIM 技术的出现。

BIM(Building Information Modeling)是以建筑工程项目的各项相关信息数据作为基础,通过数字信息仿真模拟建筑物所具有的真实信息,通过三维建筑模型,实现工程监理、物业管理、设备管理、数字化加工、工程化管理等功能。BIM 技术是以三维数字技术为基础,集成了各种相关信息的工程数据模型,可以为设计、施工和运营提供相互协调的、内部保持一致的并可进行运算的信息。在建筑工程项目的规划设计阶段、施工阶段,以及运维阶段等建筑全生命周期管理过程中,BIM 技术都能够通过自身的优势使建筑工程项目达到缩短工期、节约成本的理想目标。

BIM 有 3 个特点:第一,构件组合,BIM 由无数虚拟构件拼装而成,通过调节构件参数,可导致构件形体发生改变,以满足设计要求;第二,构件关联,构件组合衍生;第三,数据库组织共享,信息模型的设计信息都以数字的形式保存在数据库中,便于更新和共享,通过数据库中的数据及构件之间的关联关系,可以虚拟出 BIM。

BIM 要摒弃传统设计中资源不能共享、信息不能同步更新、参与方不能很好地相互协调、施工过程不能可视化模拟、检查与维护不能做到物理与信息的碰撞预测等问题,从二维 CAD 过渡到以 BIM 技术为核心的多种建筑三维软件,将是未来计算机辅助建筑设计的发展趋势。

BIM 的实践最初主要由芬兰、挪威和新加坡等国家主导,美国的一些早期实践者也紧随其后。经过长期的酝酿,BIM 在美国逐渐成为主流,并对包括中国在内的其他国家的 BIM 实践产生影响。如今,BIM 应用在国外已经相当普及,应用软件也比较成熟。在英国,政府明确要求 2016 年前企业实现 3D-BIM 的全面协同;在美国,政府自 2003 年起,实行国家级 3D-4D-BIM 计划,自 2007 年起,规定所有重要项目需要通过 BIM 进行空间规划;在新加坡,政府成立 BIM 基金,希望超过80% 的建筑企业应用 BIM;在日本,建筑信息技术软件产业成立国家级国产解决方案软件联盟;在韩国,政府希望实现全部公共工程的 BIM 应用。将 BIM 技术广泛应用于设计阶段、施工阶段及建成后的维护和管理阶段等工作领域,成为设计和施工单位承接项目的必要能力。目前,大企业已经具备 BIM 技术,BIM 专业咨询公司也十分活跃,为中小企业应用 BIM 技术提供了有力支持。同时,BIM 技术也不是仅应用于建筑局部环节,而是建筑整体。

相比国外,我国对 BIM 的政策支持更有力。前者是市场推进政策,后者是政策推进市场。2002 年后,国内逐渐开始接触 BIM 的理念和技术,BIM 在"十一五"时作为重点研究方向,被建设部认可为"建筑信息化的最佳解决方案";2011 年,住房和城乡建设部在《2011—2015 中国建筑业信息化发展纲要》中,将 BIM、协同技术列为"十二五"中国建筑业重点推广技术;2013 年 9月,住房和城乡建设部发布《关于推进 BIM 技术在建筑领域内应用的指导意见》(征求意见稿),明确指出"2016 年所有政府投资的 2 万平方米以上的建筑的设计、施工必须使用 BIM 技术";2014 年 7 月 1 日,住房和城乡建设部在《关于建筑业发展和改革的若干意见》(建市〔2014〕92

号)中明确指出,推进建筑信息模型(BIM)等信息技术在工程设计、施工和运行维护全过程的应用;2015 年,政府正式公布《关于推进建筑业发展和改革的若干意见》,把 BIM 和工程造价大数据应用正式纳入重要发展项目。上述政策无不表明我国政府对 BIM 发展的高度重视。

虽然我国的 BIM 技术应用刚刚起步,但发展速度很快,许多企业具有非常强烈的 BIM 意识,出现了一批 BIM 应用的标杆项目,如中国第一高楼——上海中心、北京第一高楼——中国尊、华中第一高楼——武汉中心等。其中,中国博览会会展综合体工程证明:通过应用 BIM 可以排除 90% 图纸错误,减少 60% 返工,缩短 10% 施工工期,提高项目效益。目前,中国 BIM 普及率超过 10%,BIM 试点提高近 6%,应用 BIM 的工程项目层出不穷,更多招标项目要求工程建设使用 BIM 技术。因此,建筑行业企业开始加速 BIM 相关的数据挖掘,聚焦 BIM 在工程量计算、投标决策等方面的应用,并实践 BIM 的集成项目管理。因此,设计企业把 BIM 作为自身的核心竞争力是大势所趋。

BIM 理念自诞生以来,就成了建筑业信息化的重要组成部分。历经十余年的发展,BIM 已成为建筑业实现可持续发展的重要工具和手段,而 Autodesk Revit 是我国建筑业 BIM 体系中使用较为广泛的软件,是建筑工程、建筑设计、建筑装饰等专业必学的一门专业技术课。Autodesk Revit 是 Autodesk 公司一套系列软件名称,是专门为建筑信息模型(以下简称 BIM)构建的,它能够帮助建筑设计师从设计、建造到最后的维护全过程提供质量更好的、更高效的建筑,尽可能多地避免设计中存在的隐蔽问题。

1.1　任务内容

1.1.1　任务一　界面基本认识

安装好 Autodesk Revit 2016 后,在计算机桌面上双击 Autodesk Revit 快捷图标(图 1.1),或在计算机开始菜单中启动 Autodesk Revit(图 1.2),进入软件工作界面,如图 1.3 所示。

图 1.1　Autodesk Revit 2016 桌面快捷图标　　　　图 1.2　菜单启动 Autodesk Revit

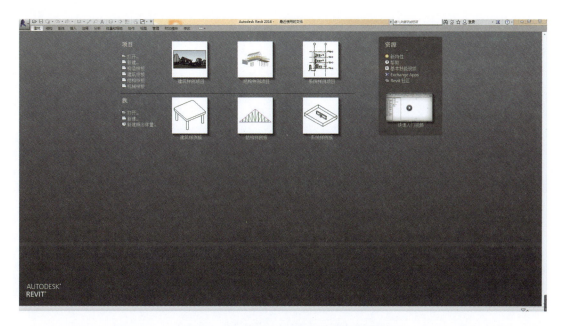

图 1.3　Autodesk Revit 2016 软件工作界面

Autodesk Revit 2016 提供了两种文件的创建,一是项目文件的创建,二是族文件的创建。

在项目文件中,可打开一个项目文件,也可新建一个项目文件,如新建构造样板、建筑样板、结构样板和机械样板,无论新建哪种样板文件,其文件类型均为 rvt 格式文件,并且工作界面都是一致的,如图 1.4 所示。一般情况下,将系统浏览器、MEP 预制构建面板关闭,将项目浏览器面板置于绘图区左侧。

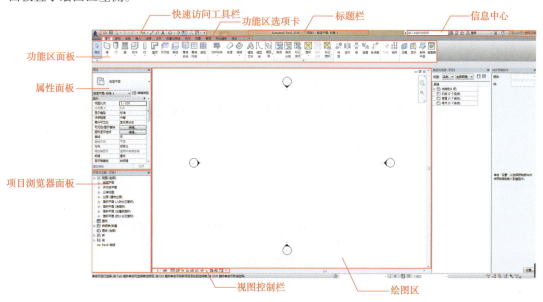

图 1.4　工作界面

在族文件中,可打开一个族文件,也可新建一个族文件和新建概念体量,其文件类型均为 rft 格式文件。在新建族中,系统提供了非常全面的可选择样板,可根据需要进行选取。打开后,族文件的工作界面如图 1.5 所示。

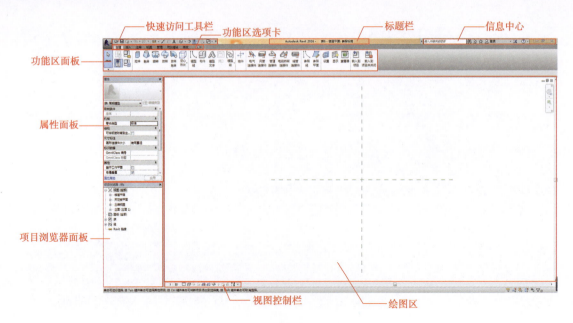

图 1.5　族文件的工作界面

（1）快速访问工具栏

快速访问工具栏位于 Autodesk Revit 工作界面的左上角,其为用户提供快速新建和保存文件的接口、可撤销和返回操作、测量尺寸、三维显示、粗细线显示、关闭隐藏窗口等常用命令按钮,如图 1.6 所示。

图 1.6　快速访问工具栏

（2）标题栏

标题栏主要显示当前所使用的 Autodesk Revit 软件版本,当前文件名称、格式,视图所在图纸等信息,如图 1.7 所示。

图 1.7　标题栏

（3）信息中心

信息中心对于初学者来说十分重要,当遇到不会的操作时,可在信息中心输入关键字或短语进行搜索,Autodesk Revit 会检索出相应的操作内容,帮助用户解决问题,如图 1.8、图 1.9 所示。

图 1.8　搜索关键字或短语

（4）功能区选项卡

功能区选项卡位于快速访问工具栏下方,在默认状态下共有建筑、结构、系统、插入、注释、分析、体量和场地、协作、视图、管理、附加模块和修改 12 个选项卡,如图 1.10 所示。当使用某一命令或选择某一图元时,功能区选项卡后会增加子选项卡,在子选项卡中列出与该命令或图元相关的子命令工具(图 1.11),增加了"修改|放置门"子选项卡。

图 1.9　Autodesk Revit 检索出的操作内容

图 1.10　选项卡

图 1.11　子命令工具

（5）功能区面板

功能区面板位于功能区选项卡之下，当选择不同的选项卡或选择某一图元时，功能区里的相关命令会随之进行切换，例如建筑选项卡与系统选项卡里的功能区所显示的命令是不一样的，如图 1.12、图 1.13 所示。

图 1.12　建筑选项卡

图 1.13　系统选项卡

（6）属性面板

属性面板位于绘图区的左侧，当创建某图元或选中某图元时，属性面板就会显示与该图元相关的属性参数，属性面板由 3 个重要部分组成，如图 1.14 所示。

类型选择器：在创建某一图元时，可通过类型选择器选择已有合适的构件进行创建，不需要每次都通过类型属性进行编辑，例如门的类型选择，如图 1.15 所示。

类型属性编辑：当类型选择器中所提供的常规构件类型无法满足用户需要时，可通过类型属性进行编辑，如图 1.16 所示为"800×2 000 mm"（尺寸表达实为"800 mm×2 000 mm"，软件的

5

表达不准确)大小的门编辑,复制,更改名称,修改门宽度和高度参数,完成编辑。

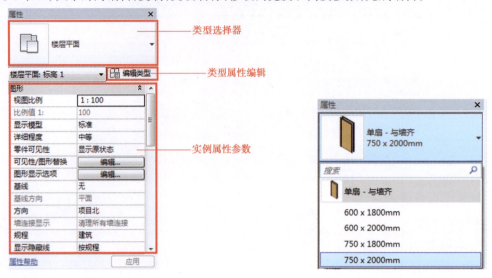

图 1.14 属性面板   图 1.15 门的类型属性

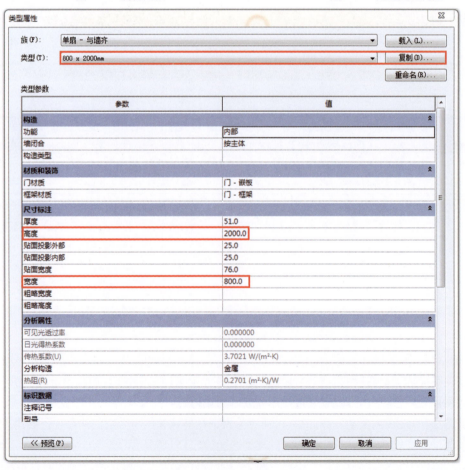

图 1.16 门编辑

实例属性参数:选中某一图元时,在实例属性参数中会将该图元的限制条件、结构、材质、尺寸标注、标示数据等信息显示出来,通过修改数据信息可改变该图元相应的属性。如图 1.17 所示为墙体的属性参数,构件不同,其属性参数也有所区别。

(7)项目浏览器面板

项目浏览器面板位于属性面板下方,根据个人作图习惯,可将项目浏览器面板置于绘图区的右侧。项目浏览器面板主要显示当前项目的所有视图、图例、明细表/数量、图纸、族、组和连接的 Autodesk Revit 模型等,如图 1.18 所示。

(8)绘图区

绘图区位于软件的中间位置,占据 Autodesk Revit 软件工作界面的绝大部空间,默认状态下,绘图区只显示一个视图,根据用户作图习惯和需要,可通过"视图—窗口—平铺"(快捷键为"WT")同时显示两个以上的视图,如图 1.19 所示。

图 1.17　墙体的属性参数　　　　　图 1.18　项目浏览器

默认状态下,平面图中显示有 4 个立面图标,如图 1.20 所示,分别为东南西北立面图标,不能删除,如果不小心将其删除,可通过"视图主菜单—立面子菜单—立面"进行添加;若在东南西北立面基础上需要增加立面图,也可通过此方法进行添加。

(9)视图控制栏

视图控制栏位于绘图区的左下角,如图 1.21 所示。其中的命令按钮主要作用是控制视图的比例、显示的精细程度、视觉显示效果、打开或关闭日光路径、打开或关闭阴影、显示或隐藏裁剪区域、显示或隐藏图元等。

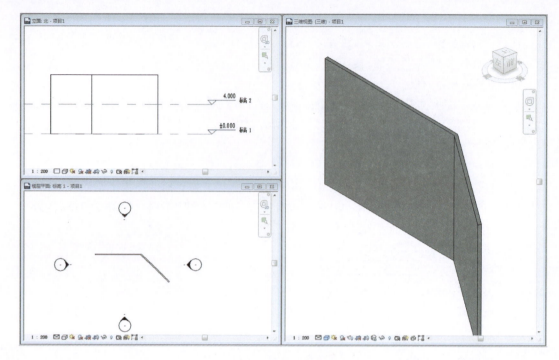

图 1.19　两个以上视图显示

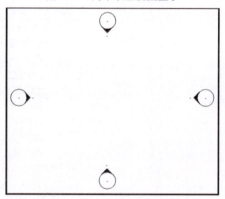

图 1.20　东南西北立面图标

图 1.21　视图控制栏

1.1.2　任务二　界面基本操作

（1）属性面板和项目浏览器

如果在制图过程中，不小心将属性面板、项目浏览器面板关闭，可通过"视图—用户界面—勾选相应面板"将其重新打开。

（2）立面

在项目浏览器中，双击点开"立面（建筑立面）"，在默认状态下软件提供了两层标高，可以通过复制的方法创建更多的标高。

（3）楼层平面

在项目浏览器中,双击打开"楼层平面",默认状态下有场地、标高 1 和标高 2 三个平面视图,该平面图的数量与标高成一一对应关系。如果在立面上创建了更多的标高,其相应的平面视图可以通过"视图—平面视图—楼层平面"加载所有标高平面视图。

（4）文件保存

当保存一个项目文件时,在保存或另存为窗口中的"选项"下,系统默认将文件备份 20 份,每保存一次,系统同时将文件备份一份,文件名分别为"×××.0001—×××.0020",如图 1.22 所示。

项目1.0001.rvt	2017/12/22 19:46	Autodesk Revit ...	4,972 KB
项目1.0002.rvt	2017/12/22 19:47	Autodesk Revit ...	4,972 KB
项目1.0003.rvt	2017/12/22 19:48	Autodesk Revit ...	4,972 KB
项目1.0004.rvt	2017/12/22 19:49	Autodesk Revit ...	4,972 KB
项目1.0005.rvt	2017/12/22 19:51	Autodesk Revit ...	4,972 KB
项目1.rvt	2017/12/22 19:52	Autodesk Revit ...	4,972 KB

图 1.22 　 文件备份

图中项目 1 和项目 1.0005 是最新保存的文件,为避免初学者在制图过程中出现错误,可以通过备份文件重新找回。当建模完成后,所有备份文件可以删掉,只保留最终的项目文件即可。备份文件数量可根据用户实际需要自行设定,数量可以多于 20,也可以少于 20。

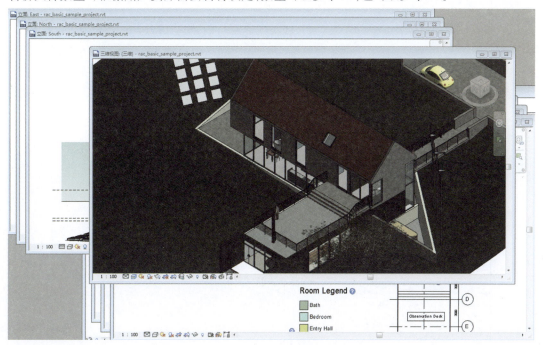

图 1.23 　 叠加窗口

（5）隐藏窗口

在绘图过程中,用户需要在平面视图、立面视图及三维效果图间不断切换,以查看具体创建位置和效果,每切换一次视图,前面的视图会作为隐藏窗口隐藏在当前视图之下,形成叠加窗口,如图 1.23 所示。当需要新建一个文件时,可单击快速访问工具栏中的"关闭隐藏窗口"按钮

（图1.24），关掉所有隐藏窗口，然后再关闭当前窗口，比逐个关闭窗口要快得多。

图1.24　"关闭隐藏窗口"按钮

1.2　相关知识

1.2.1　视图控制工具

Autodesk Revit 在对视图进行移动、旋转、缩放操作时，控制视图的方法有多种，可使用鼠标结合键盘操作，也可使用导航栏或使用 ViewCube 工具进行控制。用户可结合自身习惯选择使用。

（1）使用鼠标结合键盘的操作方法

打开一个项目文件，以软件自身提供的建筑样例项目文件为例，并单击快速访问工具栏中的"默认三维视图"按钮切换到三维视图中，如图1.25所示。

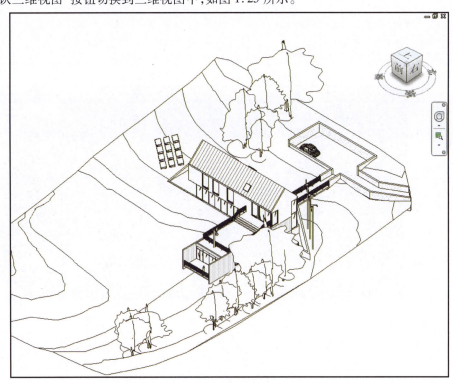

图1.25　三维视图

放大或缩小视图：把鼠标放在视图区，滚动鼠标滚轮可以将鼠标所在点放大或缩小视图。向上滚动为放大视图，向下滚动为缩小视图。

移动视图：在视图区中按住鼠标滚轮并移动，可平移视图位置。

旋转视图角度：按住键盘上的 Shift 键，同时按住鼠标滚轮并移动鼠标，可将视图进行任意角度的查看。

返回原始位置和大小：双击鼠标滚轮，可将视图返回原始位置和原始大小。

（2）使用导航栏的操作方法

在三维视图中，导航栏位于绘图区的右上角位置。在默认状态下，导航栏为用户提供了两个工具，一是全导航控制盘，二是区域放大工具，如图 1.26 所示。

图 1.26　视图导航栏

图 1.27　全导航控制盘

图 1.28　ViewCube 工具

全导航控制盘：单击全导航控制盘按钮，绘图区中显示导航盘图标（图 1.27），鼠标只能在导航盘中移动切换按钮，鼠标移动至某一按钮上时，该按钮会显示为绿色，此时单击鼠标左键并拉动，视图可进行平移、缩放或环视观察。鼠标移动到导航盘边界继续移动时，导航盘可跟随鼠标进行位移。

区域放大工具：单击区域放大工具，在视图区中框选需要局部放大的区域，所框区域会在整个绘图区进行放大，匹配绘图区大小。

（3）使用 ViewCube 工具的操作方法

在三维视图中，ViewCube 工具位于绘图区的右上角位置。该工具为用户提供了模型的上、下、左、右、前、后 6 个正面视图查看，以及东、南、西、北 4 个方向显示，如图 1.28 所示。

ViewCube 工具只能旋转查看视图图元的角度和方向，不能用来平移或缩放视图。将鼠标放置到该图标上，并单击拖动时，视图图元跟随转动。

1.2.2　常用图元编辑

Autodesk Revit 2016 为用户提供了多种实用高效的图元编辑工具，在编辑某创建好的图元时，需要对图元进行选择，然后修改图元属性或进一步编辑图元，下面为大家介绍图元选择、图元编辑的各种常用方法。

（1）选择图元

常用的图元选择方法为用鼠标左键单击项目文件中的某一图元，本方法只能选择一个图元，若用户需要加选、减选或选择某一同类型图元，方法如下：

①加选：按住 Ctrl 键，鼠标箭头旁边会出现"＋"号，此时单击项目文件中的多个图元，可以选择两个及两个以上的图元，所选择的图元可以是同类型图元也可以是不同类型图元。

②减选：按住 Shift 键，鼠标箭头旁边会出现"－"号，此时单击项目文件中处于选择状态中的图元，可以根据需要减选图元，所减选的图元可以是同类型的也可以是不同类型的。

但当有些图元不方便通过加选或减选方法进行选择时，例如选择项目文件中所有的墙体或所有的楼层平面，加选减选的方法不够高效，可通过选择过滤器或者在视图中可见的方法进行选择。

过滤器选择:打开一个项目文件,以软件自身提供的建筑样例项目文件为例,框选项目文件,在功能区面板中,有一个"过滤器"工具按钮,如图 1.29 所示。单击该按钮—放弃全部—在类别中勾选需要选择的图元—确定(图 1.30),即可选择多种不同类型的所有图元。

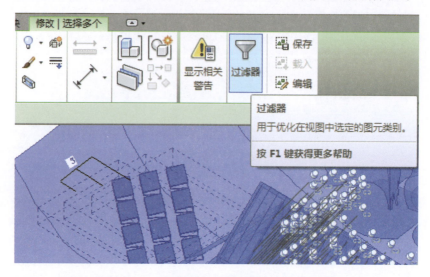

图 1.29　过滤器

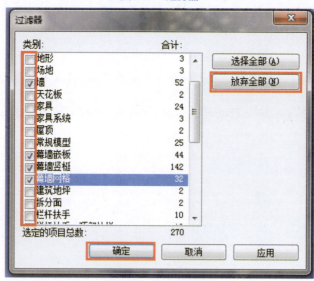

图 1.30　放弃全部勾选

在视图中可见:在项目中,单击选中某一图元,再单击鼠标右键—选择全部实例(A)—在视图中可见(V),则可选中该图元的所有同类型图元。注意,此种方法只能选择一个类型的图元,选择过滤器可以选择多个类型的图元。

(2)图元编辑工具

Autodesk Revit 在建模过程中需要对图元进行对齐、镜像、移动、复制等操作,这些操作在修改面板中或选中图元、创建图元时,在功能区面板中均会出现,如图 1.31、图 1.32 所示。下面对常用的几个图元编辑工具进行介绍。

图 1.31　功能区面板 1

图 1.32　功能区面板 2

对齐工具：可将图元的某个位置与某图元进行对齐，左下角处的"多重对齐"，默认状态为不勾选，此时，对齐命令只能进行一对一对齐；若是将"多重对齐"勾选，则可一对多进行对齐。在左下角的"首选"中，用户还可以选择对齐的点位，如参照墙中心线、参照墙面、参照核心层中心、参照核心层表面几个位置，如图 1.33 所示。

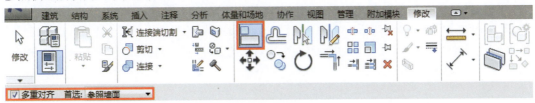

图 1.33　对齐工具

偏移工具：偏移命令可将图元偏离原来位置，在偏移过程中可通过左下角的选项选择偏移的方式，以数值方式偏移的话，可输入偏移的精确距离，如果不想保留原有图元，可将"复制"去掉勾选，如图 1.34 所示。

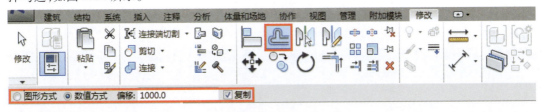

图 1.34　偏移工具

镜像工具：镜像命令可将图元往水平或垂直方向进行反向复制，软件为用户提供了两种镜像方法，一是通过拾取轴的方法，二是通过绘制轴的方法，无论哪种方法，都是比较简单的操作，用户可根据实际需要进行选择。

移动工具：移动命令可将项目中的图元从一个地方移动到另一个地方，移动时，首先单击移动物体的角点或端点，然后移动到目标位置单击确定即可实现。

复制工具：复制命令可将项目中的图元进行复制，修改面板中的复制命令只能复制一个图元；编辑图元中的面板，复制命令可复制多个，同时约束复制的方向朝水平或垂直方向进行复制，如图 1.35 所示。

旋转工具：编辑图元中的旋转工具，可对项目中的图元进行旋转角度，所需角度可通过左下角的"角度"进行设定，同时可以根据需要选择是否需要进行旋转复制，以及设定旋转的中心点

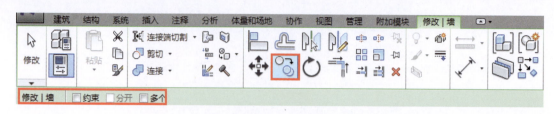

图 1.35　复制工具

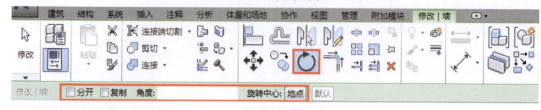

图 1.36　旋转工具

位置,如图 1.36 所示。

　　修剪/延伸为角工具:在修改面板中,修剪/延伸为角工具可把多余的图元修剪掉或将未绘制完整的图元进行延伸直到两图元相交成角,此外,软件还为用户提供了两个工具,分别是修剪/延伸单个图元和修剪/延伸多个图元命令,这两个工具不能延伸为角,如图 1.37 所示。

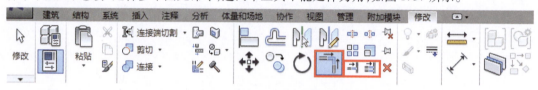

图 1.37　修剪/延伸为角工具

　　拆分图元,用间隙拆分工具:该命令可将墙体或线条拆分成两段以上,在拆分的过程中可选择是否需要删除拆分两点之间的内部线段,如图 1.38 所示;间隙拆分工具不同的是在拆分点位置上,可设定拆分间隙的大小,如图 1.39 所示。

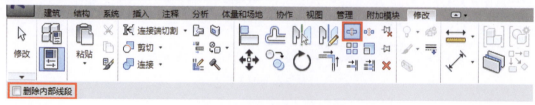

图 1.38　间隙拆分工具 1

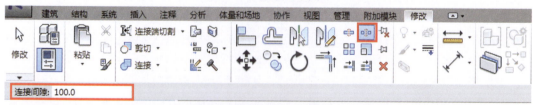

图 1.39　间隙拆分工具 2

　　阵列工具:这是一个非常重要的工具命令,熟练掌握该工具的使用方法能大大提高制图的效率。在编辑图元中的阵列工具时,用户可设定需要阵列的数量、该数量是以旋转还是以移动的方式进行阵列、该数量是到达第二个还是到最后一个,均可进行设定,在水平或垂直阵列时,还可启用"约束",使阵列更加高效,如图 1.40 所示。

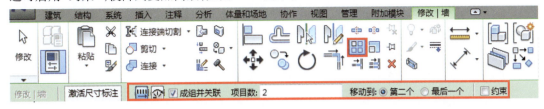

图 1.40　阵列工具

锁定、解锁工具:锁定命令用来将图元进行锁定到位。锁定图元后,用户不能对其进行移动等操作,如果不小心将该图元删除,将会出现一条警告信息,告知用户该图元已被锁定;若需要对锁定的图元进行操作,需要将其进行解锁,如图 1.41 所示。

图 1.41　锁定、解锁工具

1.2.3　选项工具的使用

选项工具位于应用程序菜单下,如图 1.42 所示,在"选项"对话框中,有几个设置对用户来说非常重要,分别是:

图 1.42　保存提醒间隔

①常规—保存提醒间隔(V):该设置是用来设定 Autodesk Revit 自动提醒用户保存时间间隔,系统默认状态下是每隔 30 分钟提醒用户保存文件。用户可根据所制作的文件大小来进行设定,如文件过大时,可将提醒时间设置得长一些,达到增加绘图时间的目的。

②常规—"与中心文件同步"提醒间隔(N):该设置是用来设定 Autodesk Revit 自动提醒用户文件上传至服务器端的时间间隔,以时刻保持工作小组中心文件的更新状态,每间隔一定时间则将文件同步到中心文件中,以供其他小组成员查看和调用,如图 1.43 所示。

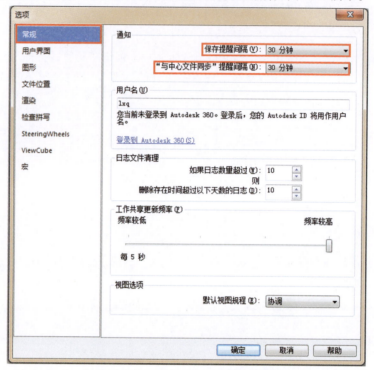

图 1.43　"与中心文件同步"提醒间隔

③用户界面—快捷键:快捷键的设置可以大大提高设计师的工作效率。由于设计师在工作中接触的软件不少,而每款设计软件所默认设定的快捷键都有所区别,为提高设计师的工作效率,可将每款软件同样命令的快捷键设置为常用的按钮,如图 1.44 所示。下面为大家介绍 Autodesk Revit 中快捷键的指定和删除、导入和导出的方法。

指定和删除:选中需要制订快捷键的命令,如果所需修改的快捷键命令不好找,可通过在"搜索"框里输入命令名称来查找,例如"移动"命令,其默认快捷键是"MV",可在"按新建"中设置新的快捷键按钮,如将其设置为与 CAD 一致的快捷键"M",单击"指定",如图 1.45 所示。此时"移动"命令则有两个快捷键,将旧的快捷键"删除",即"确定"完成快捷键的更改,如图 1.46 所示。若所设置的快捷键本身没有默认快捷键,则直接指定就可完成。

导入和导出:用户在对所有的快捷键完成设定之后,可将系统中的所有快捷键作为一个快捷键文件进行"导出",快捷键文件后缀名为"xml",文件名根据用户自己习惯进行命名,更改保存的位置,单击"保存"。在所指定的保存位置上,保存一个快捷键文件,如图 1.47 所示。将该文件复制到 U 盘中,可在任何一台其他计算机上,通过"导入"命令,将所设定的快捷键载入使用,省去了重新设置的麻烦,如图 1.48 所示。

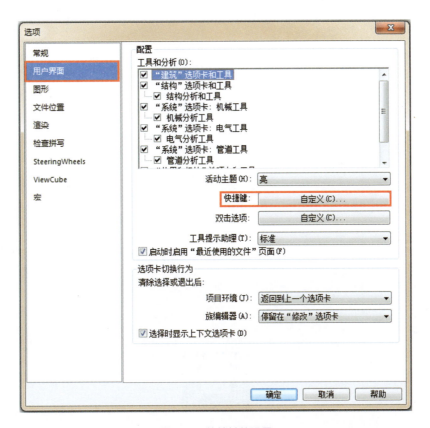

图 1.44　快捷键的设置

图 1.45　"移动"命令快捷键的更改

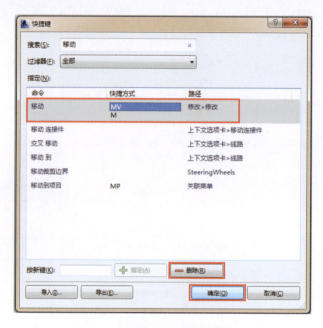

图 1.46　"删除"命令快捷键的更改

图 1.47　快捷键文件

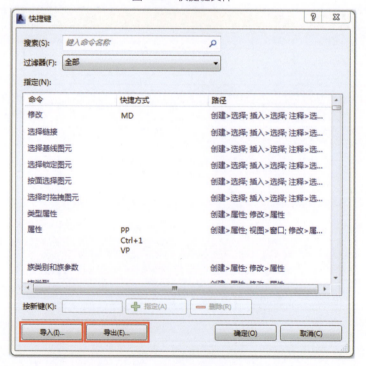

图 1.48　载入快捷键

④图形—背景颜色:设计师在 AutoCAD、3DMAX 中习惯使用黑色背景制图,以突出线条颜色
与背景颜色的色差,从而增强辨认度。Autodesk Revit 绘图区背景颜色默认状态下为白色,根据
自身需要与习惯,用户可将背景颜色修改为与 AutoCAD 和 3DMAX 同样的黑色,如图 1.49、图
1.50所示。

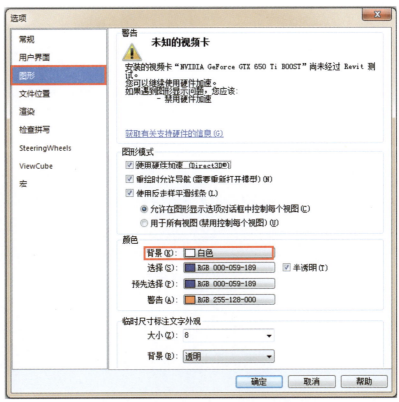

图 1.49 Autodesk Revit 默认背景颜色

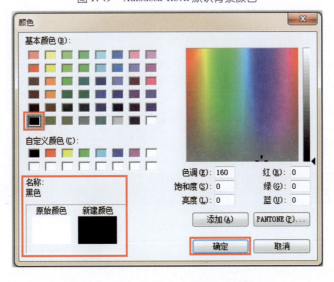

图 1.50 修改 Autodesk Revit 默认背景颜色

教学项目 2　标高、轴网

2.1　任务内容

2.1.1　任务一　建立项目标高轴网和楼层平面视图

某建筑共 40 层,其中首层地面标高为 ±0.000,首层层高 5.0 m,第二至第四层层高 4.5 m,第五层以上层高均为 4.0 m。请按图 2.1 和图 2.2 要求建立项目标高轴网,并建立每个标高的楼层平面视图。

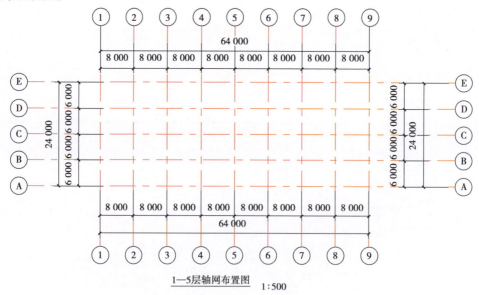

1—5层轴网布置图　　1∶500

图 2.1　项目标高轴网 1

2.1.2　任务二　创建标高轴网

根据图 2.3 给定的数据创建标高轴网并添加尺寸标注。

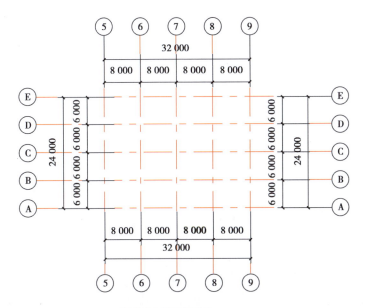

6层及以上轴网布置图   1:500

图 2.2   项目标高轴网 2

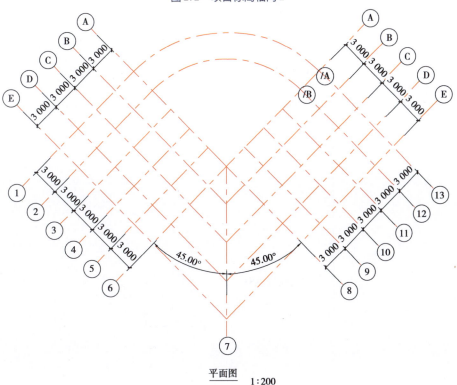

平面图   1:200

图 2.3   项目标高轴网 3

2.2　相关知识

2.2.1　标高

（1）修改原有标高和绘制新标高

进入任意立面视图,通常样板中会有预设标高。选中要修改的标高线,单击表示高度的数值,单击后该数值变为可输入。如室外地坪高度值为 − 0.600 m,如图 2.4 所示,单击后将原有数值修改为"− 0.6"。

图 2.4　室外地坪高度范例

在建筑面板中选择标高(快捷命令 LL),可绘制任意高度的标高,绘制完成后在"项目浏览器"中"楼层平面"中视图不可见,在"视图"面板中选择"平面视图",选择"楼层平面",全选所有标高,生成各标高楼层平面视图,如图 2.5 所示。

图 2.5　新建楼层平面

注意:按住 Shift 键,选择第一个标高,再选择最后一个标高,即可全部选中所有标高。

（2）复制标高

选择需要复制的标高,选择"修改标高"选项卡,选择"复制"命令(快捷命令 CC),复制时可勾选"约束"复选框,只能在水平或者垂直面上复制,也可勾选"多个"复选框,可以复制多个对象。设置完成后,单击鼠标左键再点选需要复制的标高,拖动鼠标指明复制的方向,输入高度数值。复制完成后按两次 Esc 键结束复制命令,如图 2.6 所示。

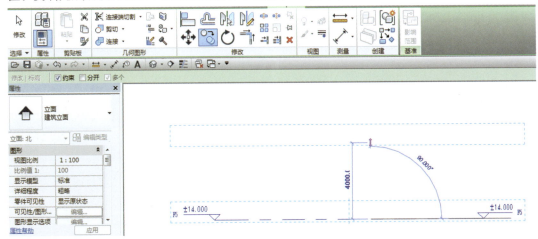

图 2.6   复制标高

(3)阵列标高

用阵列命令绘制标高,可一次绘制多个间距相等的标高。选择需要阵列的标高,选择"修改标高"选项卡,选择"阵列"命令(快捷命令 AR),设置选项栏,可选择线性阵列或者径向阵列,取消勾选"成组并关联"复选框,如输入项目数为 3,则生成包含被选中的阵列对象在内的共 3 个标高。阵列也可以勾选"约束"复选框,以保证正交,如图 2.7 所示。

图 2.7   列阵标高

设置完成后,单击选中的阵列对象,向上移动,输入间距"6 000",如果选择"第二个"复选框,则 3 个对象中每两个对象间距均为 6 000 mm,如果选择"最后一个"复选框,则 3 个对象总间距为 6 000 mm,如图 2.8 所示。

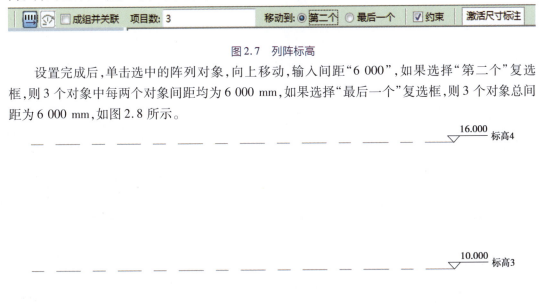

图 2.8   单击选中的阵列对象

选择"第二个复选框",阵列项目数 3,输入间距"6 000",如图 2.9 所示。

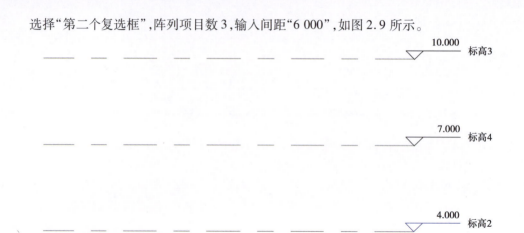

图 2.9 第二个复选框的阵列对象

选择"最后一个复选框",阵列项目数 3,输入间距"6 000"。

(4)编辑标高

①选择标高线,单击标头外侧方框,即可关闭/打开标头显示,如图 2.10 所示。

图 2.10 单击标头外侧方框

②选择标高线,在属性面板中选择"下标头",可更改标头显示方向,如图 2.11 所示。

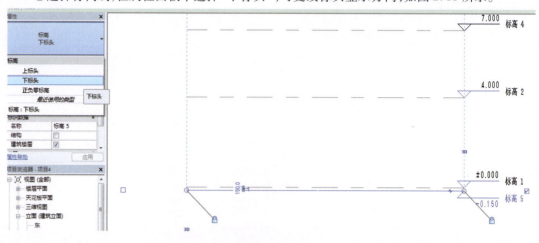

图 2.11 下标头

③选择标高线,单击标头附近的折线符号,单击蓝色拖曳点,按住鼠标不放,调整标头位置,如图 2.12 所示。

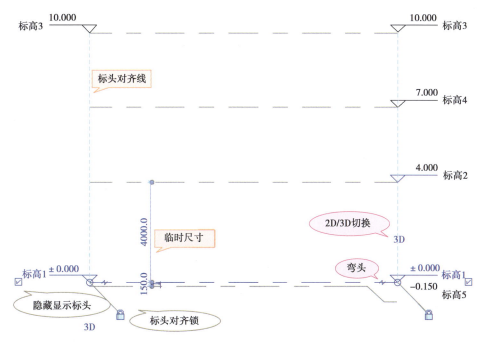

图 2.12　拖曳点

2.2.2　轴网

（1）绘制轴网

在"建筑"选项卡中选择"轴网"命令（快捷键 GR），单击起点、终点位置，完成一根轴线的绘制。绘制的第一根轴号为 1，后续的轴号为 2,3,…，自动排序。绘制第一根横向轴后单击轴网编号改为"A"，后续轴号按 B,C,D,…自动排序。软件不能自动排除字母 I,O,Z 作为轴号，需手动修改，如图 2.13 所示。

图 2.13　类型属性-轴网

绘制的轴线为中间不连续显示的线型,选择属性面板,单击"编辑类型",将轴线中段改为"连续",也可修改轴线显示颜色,勾选"平面视图轴号端点 1",则轴线两端的轴号都显示,如图 2.14 和图 2.15 所示。

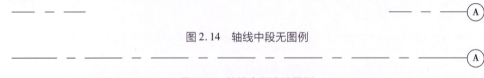

图 2.14　轴线中段无图例

图 2.15　轴线中段连续图例

(2)复制、阵列轴网

选择一根轴网,单击"修改轴网"选项卡,选择"复制""阵列"命令,可以快速生成所需的轴线,轴号自动排序,如图 2.16 所示。

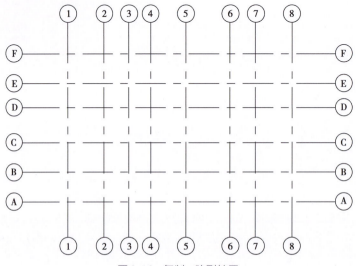

图 2.16　复制、阵列轴网

(3)编制轴网

①选择任何一根轴网,所有对齐轴线的端点位置会出现一条对齐虚线,用鼠标拖曳轴线端点,所有对齐轴线端点同步移动,如图 2.17 所示。

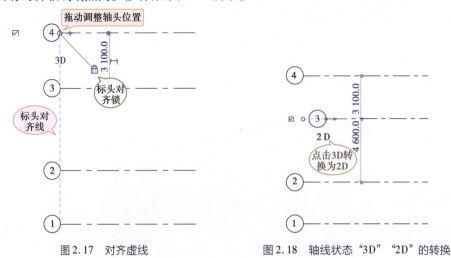

图 2.17　对齐虚线　　　　　图 2.18　轴线状态"3D""2D"的转换

②如果轴线状态为"3D",拖曳轴线端点时所有平行视图中轴线端点同步移动。单击"3D"转换为"2D",拖曳轴线端点时只改变当前视图的轴线端点位置,如图 2.18 所示。

③选择任何一根轴线,单击轴头外侧方框,即可关闭/打开轴号显示。

④选择轴线,单击轴头附近的折线符号,单击蓝色"拖曳点",按住鼠标不放,调整轴头位置,如图 2.19 所示。

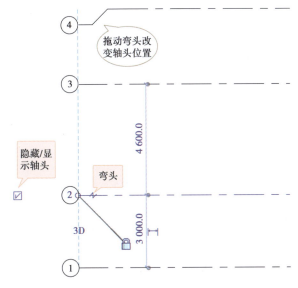

图 2.19　调整轴头位置

⑤在一个平面视图中修改好轴网显示样式后,选中轴网,选择"修改轴网"选项卡,选择"影响范围"命令,在弹出的"影响基准范围"对话框中选择需要影响的视图,单击"确定"退出,此时所选视图轴网都会与其作相同调整。如没有使用"影响范围"命令,则调整轴网后其他楼层平面视图不会有任何变化,如图 2.20 所示。

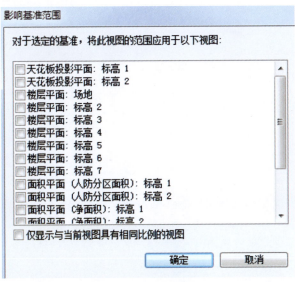

图 2.20　影响基准范围

调整好的标高一楼层平面视图,如图 2.21 所示。

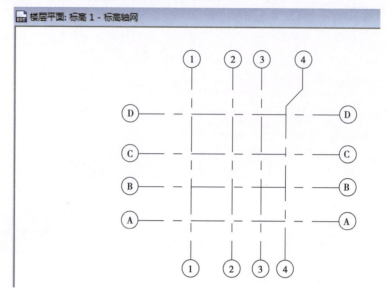

图 2.21　标高 1-标高轴网

没有使用"影响范围"命令的标高二楼层平面视图,如图 2.22 所示。

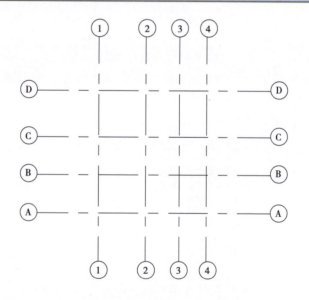

图 2.22　标高 2-标高轴网(没有使用"影响范围"命令)

使用"影响范围"命令后的标高二楼层平面视图,如图 2.23 所示。

⑥在立面图中选中任一轴线,解开轴线上端点的对齐锁,拖动轴线上端点在某标高线下,则在此标高及以上的楼层平面视图中不会显示此轴线,如图 2.24 所示。标高 3-标高轴网图如图 2.25 所示。

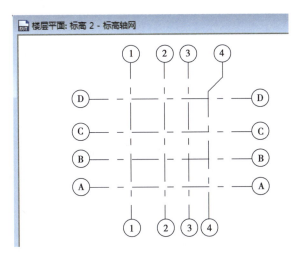

图 2.23　标高 2-标高轴网（使用"影响范围"命令）

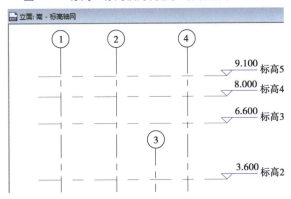

图 2.24　拖动轴线上端点

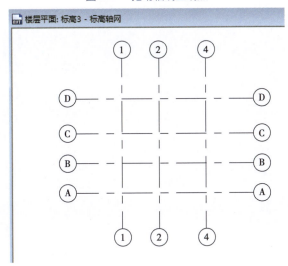

图 2.25　标高 3-标高轴网

2.3 学生练习

2.3.1 练习一 创建标高轴网

（1）在任一立面视图中创建楼层标高

①将软件自带"标高一"改为"F0"，"标高二"改为"F1"，将 F0 与 F1 之间的临时尺寸改为"5 000"，完成第一层楼层标高创建，如图 2.26 所示。

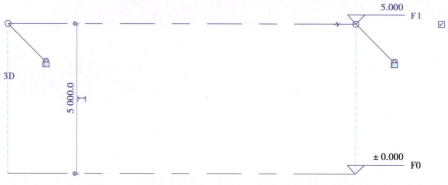

图 2.26 "标高一"改为"F0"，"标高二"改为"F1"

②使用复制命令复制"F1"，复制时勾选约束、多个，复制生成 F2、F3、F4，复制输入间距"4 500"，完成第二至第四层楼层标高创建，如图 2.27 所示。

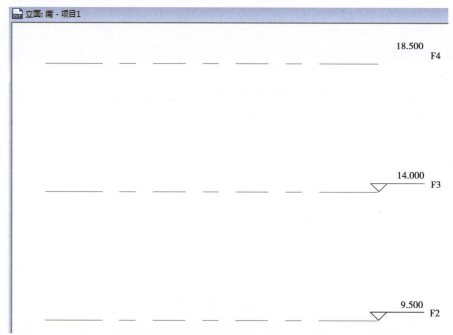

图 2.27 复制生成 F2、F3、F4

③使用阵列命令，将"F4"向上阵列，选择线性阵列，阵列是取消勾选"成组并关联"，输入项目数"37"，选择"移动到第二个"，阵列时输入间距"4 000"，完成第五层及以上楼层标高建立，如

图 2.28 所示。

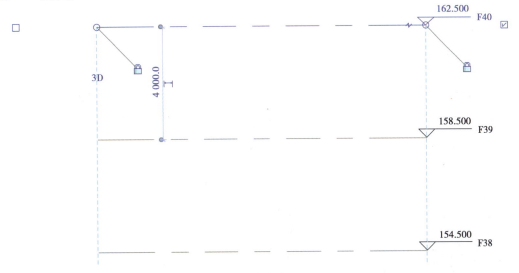

图 2.28　线性阵列

（2）在项目浏览器中显示各楼层

①选择"视图"选项卡，选择"平面视图"，选择"楼层平面"，则弹出"新建楼层平面"对话框。

②在"新建楼层平面"对话框中选中"F2"，按住 Shift 键，鼠标左键点选"F40"，全选所有标高后单击"确定"按钮，即在"项目浏览器"中生成各标高楼层平面视图，如图 2.29 所示。

图 2.29　按住 Shift 键全选所有标高

（3）创建视图比例为 1∶500

①在"项目浏览器"中，按住 Shift 键，选择 F0 至 F40，单击鼠标右键，选择"创建视图样板"，

会弹出"应用视图样板"对话框。

②在"应用视图样板"对话框中,选择视图比例为"1∶500",则完成各楼层视图比例的修改,如图 2.30 所示。

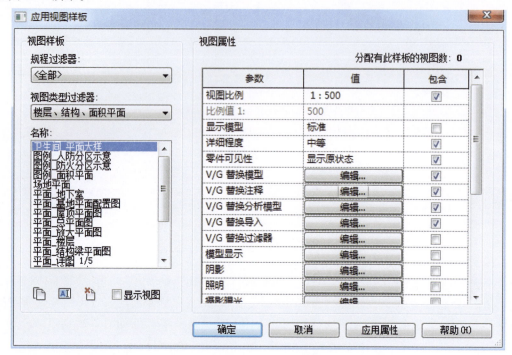

图 2.30　应用视图样板

(4)完成 1—4 层平面轴网布置

在任一楼层按要求绘制 1—4 层平面轴网,可以使用复制或者阵列命令。

(5)完成 5 层及以上楼层平面轴网布置

①在任一立面视图中,将①—④号轴线拖动到 F4 至 F5 楼层标高,如图 2.31 所示。

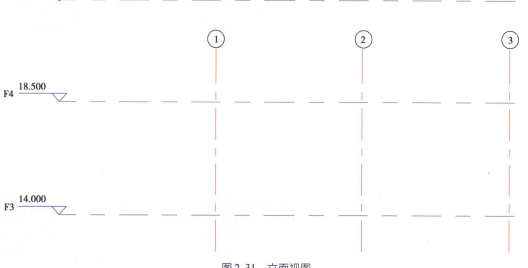

图 2.31　立面视图

②选择 F5 楼层平面视图,Ⓐ—Ⓔ轴线转变为 2D 模式进行拖动,如图 2.32 和图 2.33 所示。

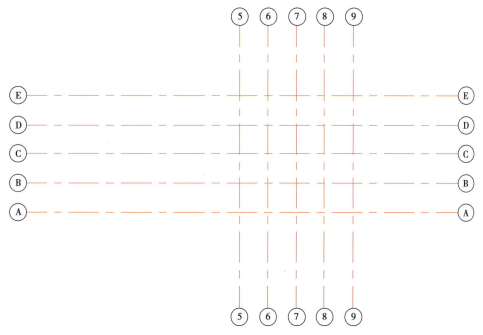

图 2.32　立面视图中拖动轴线前

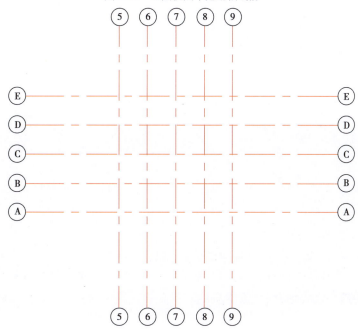

图 2.33　立面视图中拖动轴线后

③用"影响范围"命令将 F5 楼层平面的轴网影响至 F6 及以上各楼层。

2.3.2 练习二 创建弧形轴网

①在平面视图中绘制①号轴线,倾斜角度为45°。

②阵列生成②—⑥号轴线。

③绘制⑦、⑧号轴线。

④阵列生成⑨—⑬号轴线。

⑤绘制Ⓐ轴,在"修改轴网"面板中,选择"多段"命令进行绘制,如图 2.34 和图 2.35 所示。

图 2.34 "修改轴网"面板

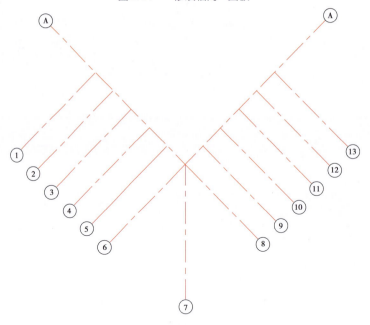

图 2.35 绘制Ⓐ轴

⑥绘制Ⓑ—Ⓔ轴:在绘制轴网命令中,选择"多段"命令,选择"拾取线"命令,输入偏移量"3 000",鼠标左键点选Ⓐ轴,则生成Ⓑ轴线。重复以上命令,依次生成其他轴线,如图 2.36 所示。

⑦绘制ⒶⒶ和ⒶⒷ轴:绘制轴线命令,选择"圆心-端点弧"命令进行绘制,如图 2.37 所示。

⑧尺寸标注:在"注释"选项卡中选择"对齐""角度"注释命令,依次进行尺寸标注。

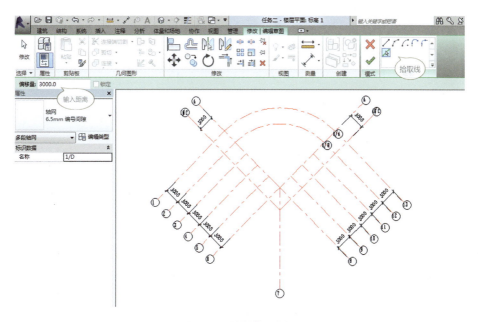

图 2.36　绘制Ⓑ—Ⓔ轴

图 2.37　绘制①/Ⓐ和①/Ⓑ轴

2.4　技能提高

①在立面视图中创建"某建筑"楼层标高。

②在"插入"选项卡中,用"链接 CAD"命令,导入"某建筑"一层平面图,在平面图中用"拾取线"命令完成轴网的拾取。

2.5　易犯错误提示

(1)绘制轴网后其他楼层不显示轴网怎么办?

推荐的制图流程为先绘制标高再绘制轴网。这样在立面图中,轴号将显示于最上层的标高上方,这也就决定了轴网在每一个标高的平面视图中都可见。如果出现了其他楼层没有显示轴网的情况,在立面图中将轴网边界线统一拉长到超过顶层标高之上,则每个标高的楼层平面图均会显示轴网。

(2)立面视图中新建了楼层标高,而在项目浏览器中并未生成相应的楼层平面怎么解决?

立面视图中创建的一个标高对应一个楼层平面视图,建立标高之后,需要通过视图菜单栏中楼层平面菜单下的"楼层平面"进行楼层平面的创建。

教学项目 3 墙 体

与建筑模型中的其他基本图元类似,墙也是预定义系统族类型的实例,表示墙功能、组合和厚度的标准变化形式。通过修改墙的类型属性来添加或删除层,将层分割为多个区域,以及修改层的厚度或指定的材质,可以自定义这些特性。通过单击"墙"工具,选择所需的墙类型,并将该类型的实例放置在平面视图或三维视图中,可以将墙添加到建筑模型中。要放置实例,可以在功能区中选择一个绘制工具,在绘图区域中绘制墙的线性范围,或者通过拾取现有线、边或面来定义墙的线性范围。墙相对于所绘制路径或所选现有图元的位置由某个实例属性的值来确定,即"定位线"。在图纸中放置墙后,可以添加墙饰条或分隔缝、编辑墙的轮廓、插入主体构件(如门和窗)。

3.1 任务内容

一般墙体的绘制:使用"墙"工具在建筑模型中创建非承重墙或结构墙。

3.1.1 非承重墙

非承重墙在建筑中属于自承重墙,与承重构件(如梁和楼板)不互相连接,对应在 Revit 软件中属于建筑墙。其绘图方法如下:

单击以下位置的 🗋(墙:建筑):

"建筑"选项卡→"构建"面板→"墙"下拉列表(图 3.1);

"结构"选项卡→"结构"面板→"墙"下拉列表结构(图 3.2、图 3.3)。

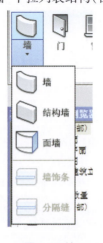

图 3.1 墙

图 3.2　承重墙选项

3.1.2　墙

墙在建筑中分为建筑墙和结构墙,主要根据是否承重进行区分。其绘图方法如下:

单击以下位置的 🖻(墙:结构):

"建筑"选项卡→"构建"面板→"墙"下拉列表;

"结构"选项卡→"结构"面板→"墙"下拉列表;

墙体命令:墙、结构墙、面墙、墙饰条、分隔缝(图 3.1)。

图 3.3　非承重墙选项

墙体绘制工具:选择直线、矩形、多边形、弧形墙体等绘制方法进行墙体的绘制。在使用墙体绘制工具绘制墙体时在选项栏上设置墙高度、定位线、偏移值、墙链,勾选选项栏上"链"选项,才能连续画墙,如图 3.4 所示。

图 3.4　墙体绘制工具

拾取命令生成墙体,点选"拾取线",拾取导入的 CAD 平面图的墙线,自动生成 Autodesk Revit 墙体,如图 3.5 和图 3.6 所示。

图 3.5　导入的 CAD 平面图　　　　　　　　　图 3.6　拾取线

  墙的实例参数可以设置所选择墙体的定位线、高度、基面和顶面的位置及偏移、结构用途等特性,如图 3.7 所示。

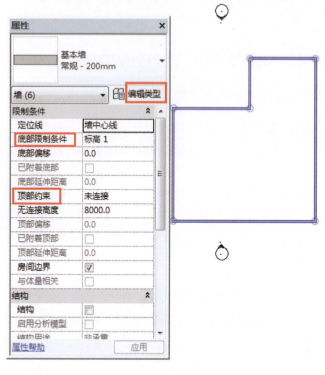

图 3.7 墙的实例参数

  修改墙的类型属性:墙的类型参数可以设置不同类型墙的粗略比例填充样式、墙的结构、材质等,如图 3.8 所示。

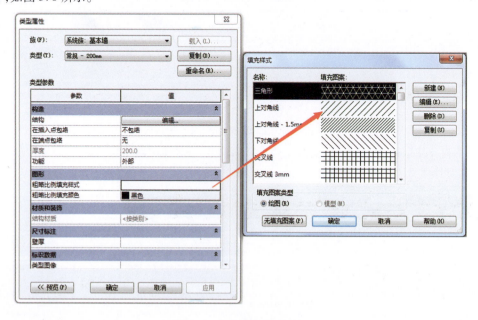

图 3.8 修改墙的类型属性

3.1.3 幕墙

幕墙是一种外墙,附着于建筑结构,而且不承担建筑的楼板或屋顶的荷载。在一般应用中,幕墙常定义为薄的、带铝框的墙,包含填充的玻璃、金属嵌板或薄石。绘制幕墙时,单个嵌板可延伸墙的长度。如果所创建的幕墙具有自动幕墙网格,则该墙将被再分为几个嵌板。在幕墙中,网格线定义放置竖梃的位置。竖梃是分割相邻窗单元的结构图元。可通过选择幕墙并单击鼠标右键访问关联菜单,来修改该幕墙。在关联菜单上有几个用于操作幕墙的选项,例如选择嵌板和竖梃。可以使用 Autodesk Revit 默认幕墙类型设置幕墙。这些墙类型提供3种复杂程度,可以对其进行简化或增强,如图3.9~图3.12所示。

图3.9 幕墙类型:"幕墙1""外部玻璃""店面"

图3.10 幕墙样例

①幕墙1——没有网格或竖梃。软件中没有与此墙类型相关的规则。此墙类型的灵活性最强。

②外部玻璃——具有预设网格。如果设置不合适,可以修改网格规则。

③店面——具有预设网格和竖梃。如果设置不合适,可以修改网格和竖梃规则。

使用幕墙图元工具来创建建筑正面,可以使用幕墙、幕墙网格、竖梃、幕墙系统来创建所需的外观,如图3.13所示。

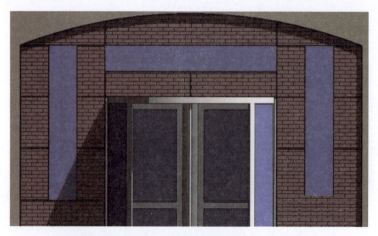

图 3.11　幕墙网格样例

图 3.12　幕墙竖梃样例

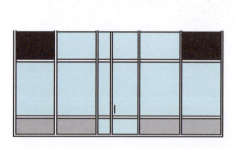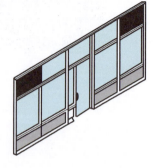

图 3.13　幕墙图元工具

"建筑"选项卡→"构建"面板→"墙"下拉列表→墙:建筑在"类型选择器"中,选择幕墙族。

"建筑"选项卡→"构建"面板→幕墙系统或幕墙网格或竖梃。

"体量和场地"选项卡→"面模型"面板→面墙。

3.2　相关知识——建模示例

"建筑"选项卡→"墙"→"墙:建筑",如图 3.14 所示。

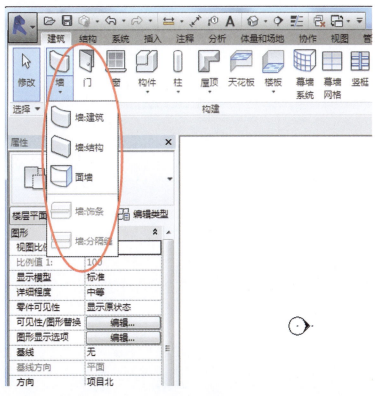

图 3.14　选择墙

在类型选择器中选择墙的类型,如图 3.15 所示。

单击"编辑类型"→"类型属性",如图 3.16 所示。

单击"编辑",在"编辑部件"对话框中可以编辑墙的类型,如图 3.17 所示。

在"修改 | 放置墙"选项卡中调整墙的高度,创建外墙体,如图 3.18 所示。

用同样的方法可以创建内墙体,如图 3.19 和图 3.20 所示。

创建玻璃幕墙,如图 3.21 和图 3.22 所示。

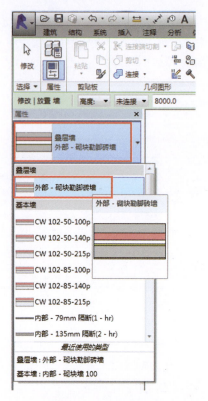

图 3.15　选择墙的类型

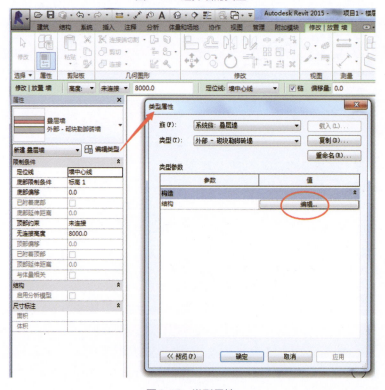

图 3.16　类型属性

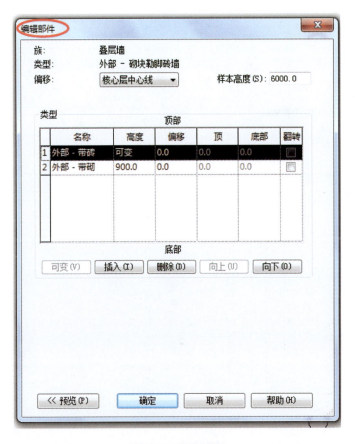

图 3.17 编辑部件

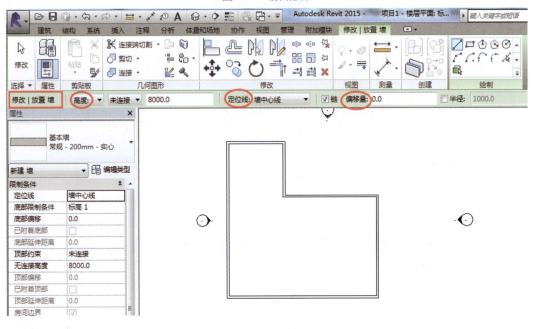

图 3.18 "修改 | 放置墙"选项卡

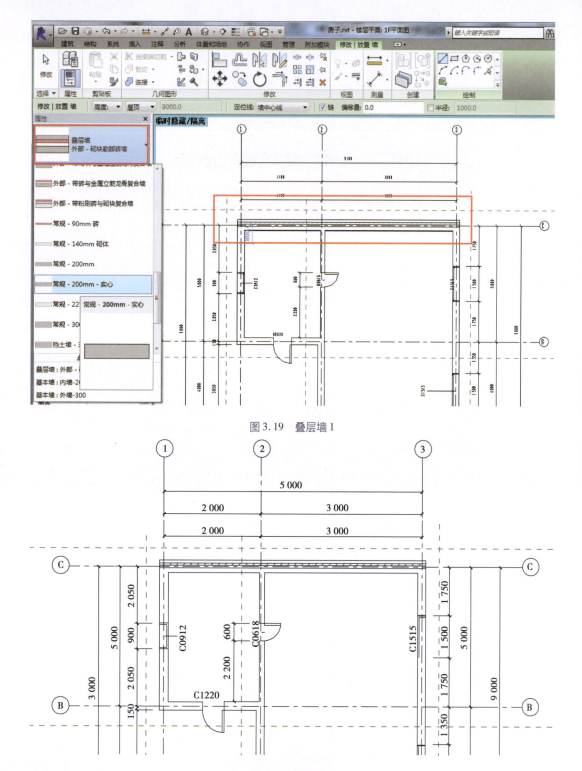

图 3.19　叠层墙 1

图 3.20　叠层墙 2

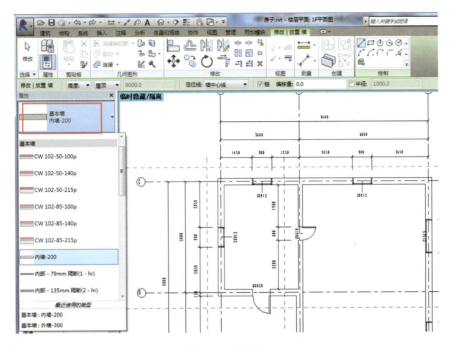

图 3.21　基本墙 1

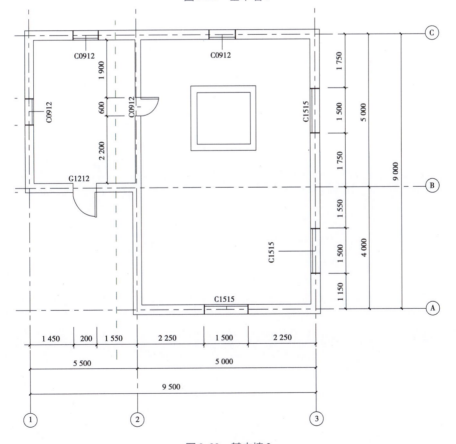

图 3.22　基本墙 2

3.3　技能提高

　　墙体与楼板屋顶连接时设置顶部偏移,偏移值为楼板厚度,可以解决楼面三维显示时看到墙体与楼板交线的问题。

3.4　易犯错误提示

　　①墙与结构墙的区别是结构用途的不同。墙的结构用途为非承重,结构墙的结构用途为承重。

　　②由于在 Autodesk Revit 中有内墙面和外墙面的区别,因此应顺时针绘制墙体。

　　③拾取面生成墙主要应用于体量的面墙生成。

　　④绘制别墅等外立面变化较大的建筑时,一般需要逐层绘制。

教学项目4　幕墙、幕墙系统

4.1　创建幕墙

幕墙在软件中属于墙的一种类型,由于幕墙和幕墙系统在设置上有相同之处,所以本书将它们合并为一个小节进行讲解。

4.1.1　认识幕墙

幕墙默认有店面、外部玻璃、幕墙三种类型,如图4.1所示。幕墙的竖梃样式、网格分割形式、嵌板样式及定位关系皆可修改。

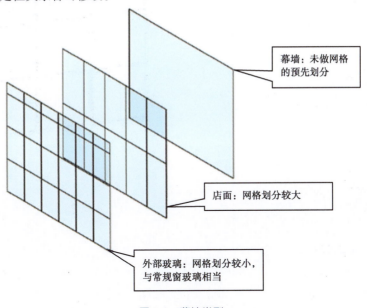

幕墙：未做网格的预先划分

店面：网格划分较大

外部玻璃：网格划分较小,与常规窗玻璃相当

图4.1　幕墙类型

4.1.2　绘制幕墙

在 Autodesk Revit 中,玻璃幕墙是一种墙类型,可以像绘制基本墙一样绘制幕墙。单击"常用"选项卡,选择"构建"面板下的"墙"命令,从类型选择器中选择幕墙类型,绘制幕墙或选择现有的基本墙,从类型下拉列表中选择幕墙类型,将基本墙转换成幕墙,如图4.2所示。

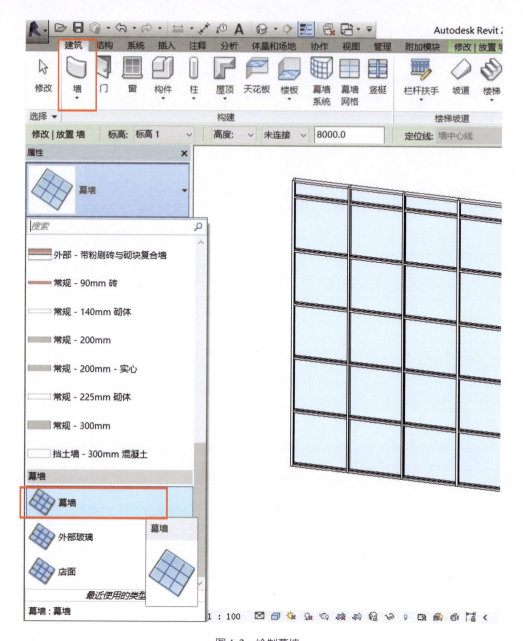

图 4.2　绘制幕墙

4.1.3　图元属性修改

对于外部玻璃和店面类型幕墙,可用参数控制幕墙网格的布局模式,定义网格的间距值及对齐、旋转角度和偏移值。选择幕墙,自动激活"修改墙"选项卡,单击"图元"面板下的"图元属性"按钮,打开幕墙的"实例属性"对话框,编辑幕墙的实例和类型参数,如图 4.3 所示。

4.1.4　手工修改

手动调整幕墙网格间距:选择幕墙网格(可按 Tab 键切换选择),点开锁标记,即可修改网格临时尺寸,如图4.4所示。

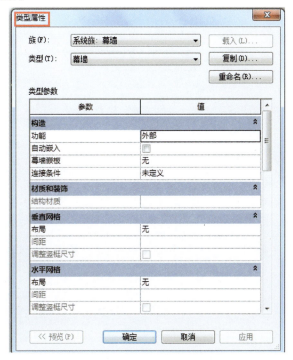

图4.3　图元属性修改

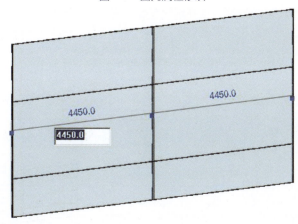

图4.4　手工修改

4.1.5　编辑立面轮廓

选择幕墙,自动激活"修改墙"选项卡,单击"修改墙"面板下的"编辑轮廓"命令,即可像基本墙一样任意编辑其立面轮廓。

4.1.6　幕墙网格与竖梃

①单击"常用"选项卡,"构建"面板下的"幕墙网格"命令,可以整体分割或局部细分幕墙嵌板。
②全部分段:单击添加整条网格线。

③一段：单击添加一段网格线细分嵌板。

④除拾取外的全部：单击先添加一条红色的整条网格线，再单击某段删除，其余的嵌板添加网格线，如图4.5所示。

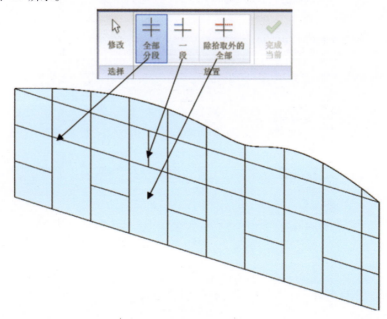

图4.5　幕墙网格与竖梃

⑤"构建"面板下的"竖梃"命令，选择竖梃类型，从右边选择合适的创建命令拾取网格线添加竖梃，如图4.6所示。

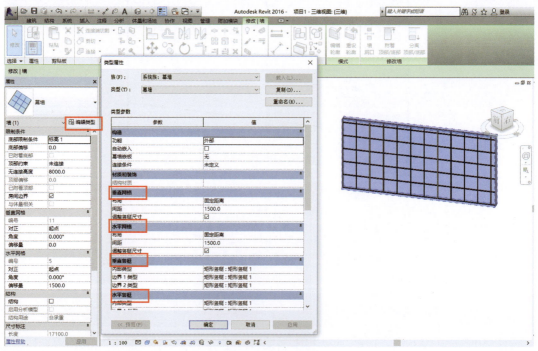

图4.6　添加竖梃

4.1.7　替换门窗

将幕墙玻璃嵌板替换为门或窗（必须使用带有"幕墙"字样的门窗族来替换，此类门窗族是使用幕墙嵌板的族样板来制作的，与常规门窗族不同）：将鼠标放在要替换的幕墙嵌板边沿，使用 Tab 键切换选择至幕墙嵌板（注意看屏幕下方的状态栏），选中幕墙嵌板后，自动激活"修改墙"选项卡"图元"面板下"图元属性"命令，打开嵌板的"实例属性"对话框，可在"族"后下拉箭头里选择替换现有幕墙窗或门，然后单击"载入"按钮从库中载入，如图 4.7 所示。

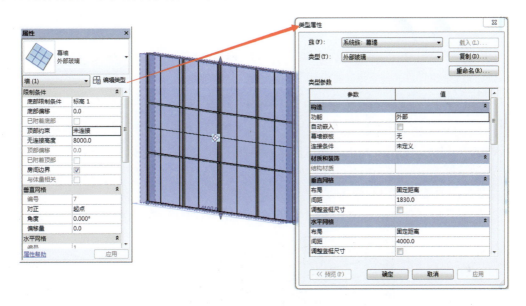

图 4.7　实例属性

注意：幕墙嵌板的选择可以用 Tab 键切换选择。幕墙嵌板可替换为门窗、百叶、墙体、空。

4.1.8　嵌入墙

基本墙和常规幕墙可以互相嵌入（当幕墙属性对话框中"自动嵌入"为勾选状态时）：用墙命令在墙体中绘制幕墙，幕墙会自动剪切墙，像插入门、窗一样；选择幕墙嵌板方法同上，从类型选择器中选择基本墙类型，可将幕墙嵌板替换成基本墙（图 4.8），也可以将嵌板替换为"空"或"实体"。

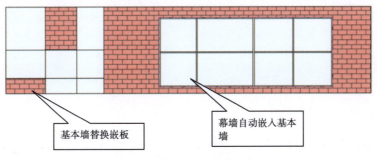

图 4.8　嵌入墙

4.2 创建幕墙系统

4.2.1 认识幕墙系统

幕墙系统是一种构件,由嵌板、幕墙网格和竖梃组成,通过选择体量图元面,可以创建幕墙系统。在创建幕墙系统之后,可以使用与幕墙相同的方法添加幕墙网格和竖梃。

4.2.2 绘制幕墙系统

对于一些异形幕墙,单击"常用"选项卡,"构建"面板下的"幕墙系统"命令,拾取体量图元的面及常规模型可创建幕墙系统,然后用"幕墙网格"细分后添加竖梃,如图4.9所示。

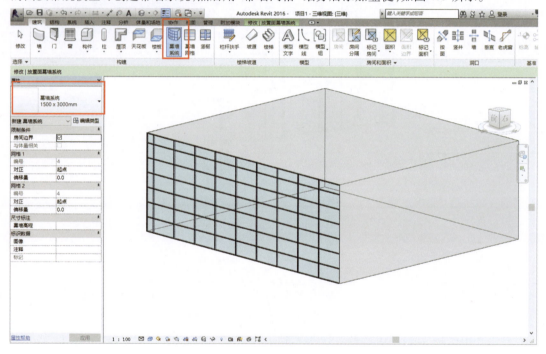

图4.9 幕墙系统

注意:拾取常规模型的面生成幕墙系统,指的是内建族中的族类别为常规模型的内建模型,其创建方法为:依次单击"构建"面板→"构件"→"内建模型",设置族类别为"常规模型"。

4.3 学生练习

4.3.1 练习一 创建墙体与幕墙

创建墙体与幕墙:墙体构造与幕墙竖梃连接方式如图4.10所示,竖梃尺寸为100 mm × 50 mm,将模型以"幕墙"为文件名保存。

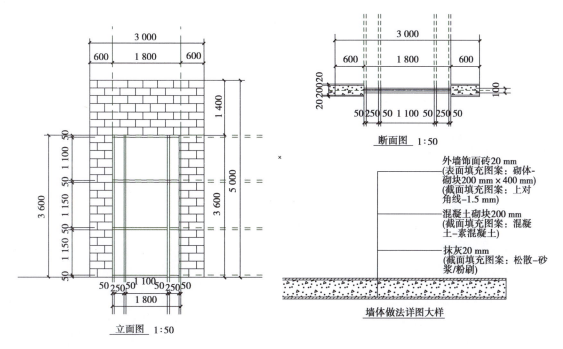

图 4.10 学生练习 1

4.3.2 练习二 创建幕墙系统

创建如图 4.11 所示的模型,在体量上生成面墙、幕墙系统、屋顶和楼板。

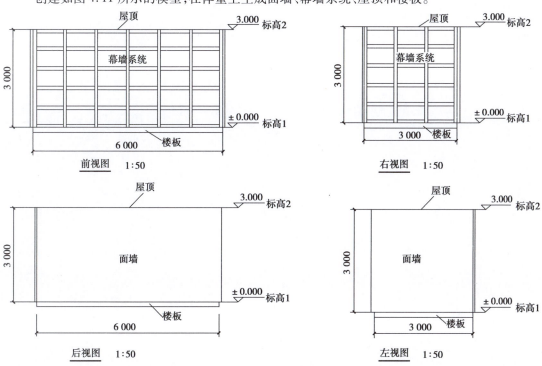

图 4.11 学生练习 2

要求:①面墙为厚度为 200 mm 的"常规-200 mm 面墙",定位线"核心层中心线";

②幕墙系统为"网格布局 600 mm×1 000 mm(即横向网格间距 600 mm、竖向网格间距 1 000 mm),网格上均设置竖梃,竖梃均为圆形竖梃 50 mm 半径";

③屋顶为厚度为 400 mm 的"常规-400 mm"屋顶;

④楼板为厚度为 150 mm 的"常规-150 mm"楼板。

请将模型以"体量楼层"为文件名保存。

教学项目 5 柱、梁和结构构件

本项目主要讲述如何创建和编辑结构柱、建筑柱，以及梁、梁系统、结构支架等，使人们了解建筑柱和结构柱的应用方法和区别。根据项目需要，有些时候人们需要创建结构梁系统和结构支架，如对楼层净高产生影响的大梁等。大多时候我们可以在剖面上通过二维填充命令来绘制梁剖面。

5.1 柱的创建

5.1.1 结构柱

添加结构柱：单击"常规"选项卡中"构建"面板下"柱"工具下拉菜单中的"结构柱"命令，从类型选择器中选择适合尺寸规格的柱子类型，若无所需规格则单击"图元属性"按钮，打开组织属性对话框，编辑柱子属性，单击"编辑/新建-复制"命令创建新的尺寸规格，修改长、宽度尺寸参数。若无所需的柱子类型，则单击"插入"选项卡"从库中载入"面板下"载入族"工具，打开相应族库进行载入族文件。在结构柱的属性对话框中，设置柱子高度尺寸（深度/高度、标高/未连接、尺寸值）。单击"结构柱"，使用轴网交点命令，从右下向左上交叉框选轴网，单击上下文选项卡"放置结构柱 > 在轴网交点处"中的"完成"按钮。

编辑结构柱：柱的实例属性可以调整柱子基准、顶标高、顶部和底部偏移，选择柱子是否随轴网移动、是否设为房间边界以及柱子的材质。单击"编辑类型"按钮，在类型属性中设置长度、宽度参数，如图 5.1 所示。

5.1.2 建筑柱

添加建筑柱：从类型选择器中选择适合尺寸规格的建筑柱类型，若无所需的规格则单击"图元属性"按钮，打开组织属性对话框，编辑柱子属性，单击"编辑/新建-复制"命令创建新的尺寸规格，修改长、宽度尺寸参数。如无所需的柱子类型，则单击"插入"选项卡，"从库中载入"面板下"载入族"工具，打开相应族库进行载入族文件，单击插入点插入柱子。

编辑建筑柱：与结构柱相似，柱的实例属性可以调基准、顶标高、顶部和底部偏移，是否随轴网移动，此柱是否设为房间边界。单击"编辑类型"按钮，在类型属性中设置柱子的粗略比例填充样式、材质、长度、宽度参数以及偏移基准、偏移顶的设置，如图 5.2 所示。

提示：建筑柱的属性与墙体相同，修改粗略比例填充样式只能影响没有与墙相交的建筑柱。

建议：建筑柱适用于砖混结构中的墙垛、墙上突出结构等。

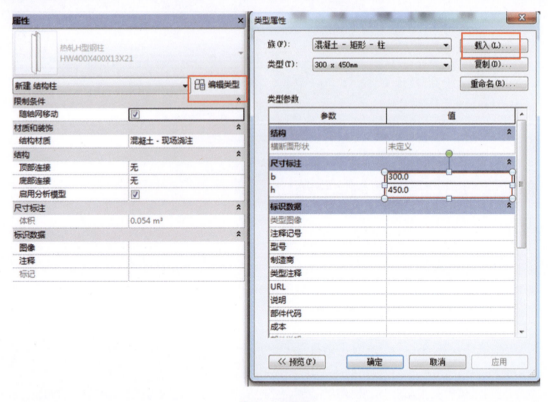

图 5.1　结构柱

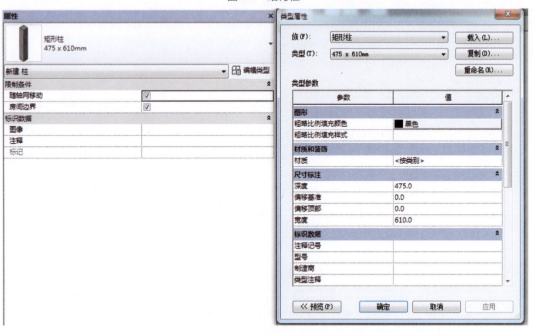

图 5.2　建筑柱

5.2 梁的创建

5.2.1 常规梁

单击"常用"选项卡"结构"面板下"梁"工具命令,从类型选择器的下拉列表中选择需要的梁类型,若无则从库中载入。在选项栏上选择梁的放置平面,从"结构用途"下拉列表中选择梁的结构用途或让其处于自动状态,结构用途参数可包括在结构框架明细表中,这样便能计算大梁、托梁、檩条和水平支撑的数量。使用"三维捕捉"选项,通过捕捉任何视图中的其他结构图元,可以创建新梁。这表示可以在当前工作平面之外绘制梁和支撑。例如,在启用了三维捕捉之后,不论高程如何,屋顶梁都将捕捉到柱的顶部。要绘制多段连接的梁,请选择选项栏中的"链",如图5.3所示。单击起点和终点来绘制梁,当绘制梁时,光标会捕捉其他结构构件;也可使用"轴网"命令,拾取轴网线或框选、交叉框选轴网线,单击"完成"按钮,系统自动在柱、结构墙和其他梁之间放置梁。

图5.3 梁绘制

5.2.2 梁系统

结构梁系统可创建多个平行的等距梁,这些梁可以根据设计中的修改进行参数化调整,如图5.4所示。

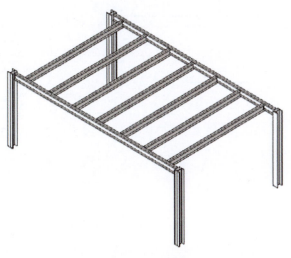

图5.4 梁系统

打开一个平面视图,单击"常用"选项卡"结构"面板下"梁"工具下拉列表,选择"梁系统"工具命令,进入定义梁系统边界草图模式。单击"绘制"中"边界线""拾取线"或"拾取支座"命令,拾取结构梁或结构墙,并锁定其位置,形成一个封闭的轮廓作为结构梁系统的边界;也可以用"线"绘制工具,绘制或拾取线条作为结构梁系统的边界。若在梁系统中剪切一个洞口,则用"线"绘制工具在边界内绘制封闭洞口轮廓。绘制完边界后,可以用"梁方向边缘"命令选择某一边界线作为新的梁方向(在默认情况下,拾取的第一个支撑或绘制的第一条边界线为梁方向),如图5.5所示。

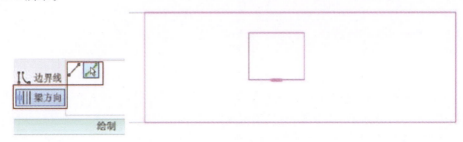

图5.5 梁方向

单击"梁系统属性"打开属性对话框,设置此系统梁在立面的偏移值,是否在编辑时三维视图中显示该构件,设置其布局规则,按设置的规则确定相应数值、梁的对齐方式及选择梁的类型,如图5.6所示。

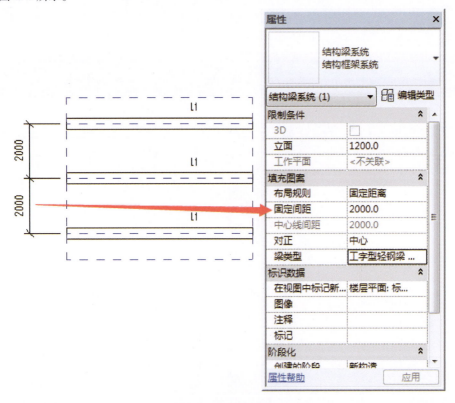

图5.6 梁类型设置

5.2.3　编辑梁

操纵柄控制:选择梁,端点位置会出现操纵柄,鼠标拖曳调整其端点位置。

属性编辑:选择梁自动激活上下文选项卡"修改结构框架",单击"图元"面板上的"图元属性按钮"打开图元属性对话框,修改其实例、类型参数,可改变梁的类型与显示。

提示:如果梁的一端位于结构墙上,则"梁起始梁洞"和"梁结束梁洞"参数将显示在"图元属性"对话框中。如果梁是由承重墙支撑的,应启用该复选框。选择后,梁图形将延伸到承重墙的中心线。

5.3　添加结构支撑

在平面视图或框架立面视图中添加支架时,支架会将其自身附着于梁和柱,并根据建筑设计中的修改进行参数化调整。打开一个框架立面视图或平面视图,单击"常用"选项卡"结构"面板下的"支撑"命令。从类型选择器的下拉列表中选择需要的支撑类型,如无则从库中载入。拾取放置起点、终点位置,放置支撑,如图5.7所示。

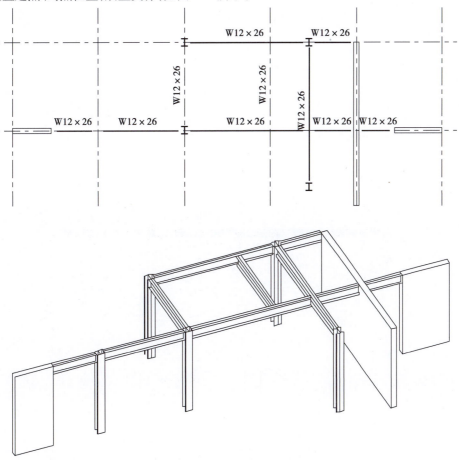

图5.7　结构支撑

注意：由于软件默认的详细程度为"粗略"，绘制的支撑显示为单线，将详细程度改为"精确"就会显示有厚度的支撑。选择支架，自动激活上下文选项"修改结构框架"，单击"图元"面板上的"图元属性按钮"打开图元属性对话框，修改其实例、类型参数。

5.4 整合应用技巧

5.4.1 柱子的创建

选择柱子的创建方法：柱子分层绘制或从底至顶一次绘制。有时需要引入阶段的概念，让建筑构件分属于不同的创建阶段，以便进行四维施工模拟或分阶段统计工程量，因此可把柱子分层绘制，并使每一层的柱子分属于不同的阶段；一般情况下，则是从底至顶一次绘制完成柱子。在绘制柱子时，直接设置柱子的底标高及顶标高即可。

5.4.2 柱子的附着

柱子可以附着于屋顶、楼板或参照平面。选取柱子，自动激活"修改柱"上下文选项卡，如图5.8所示。单击"修改柱"面板上的"附着"命令，把选项栏"附着对正"设置为"最大相交"，如图5.9所示。

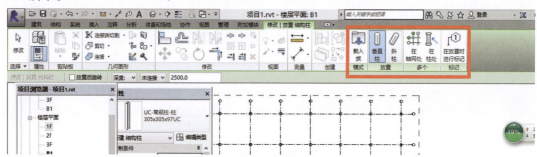

图5.8 修改柱

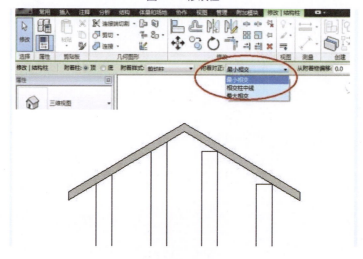

图5.9 柱附着

柱子与屋顶附着后的结果(以线框模式显示,以便观察)如图 5.10 所示。

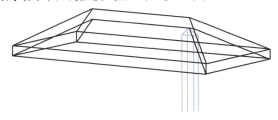

图 5.10　柱附着结果

5.4.3　柱子的平面填充

柱子平面填充在各比例视图的显示(图 5.11):按照我国建筑设计标准的要求,在 1:100 的图纸里,柱的填充图案为涂黑;而在 1:20 的图纸里,柱子的填充图案表示为钢筋混凝土的填充图案。

(a)比例为1:100的平面显示　　　　(b)比例为1:20的平面显示

图 5.11　柱填充

选取柱子,自动激活"修改柱"上下文选项卡,单击"替换",选择"按类别替换"(图 5.12),替换截面的填充图案(图 5.13),即可实现柱子在不同比例视图中不同的平面填充显示。

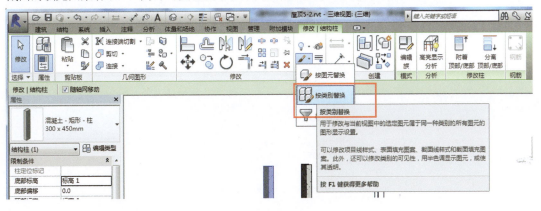

图 5.12　修改柱

5.4.4　创建梁和梁系统

在项目中,是否都需要创建梁和梁系统呢? 事实上,在应用 Autodesk Revit 进行项目设计时,最好的工作模式是建筑、结构、水暖电各专业的协同设计。由结构专业创建梁板柱等结构构件,建筑专业直接调用。如果只用于建筑专业设计的话,柱的创建是必须的,主梁次梁的创建则是根据项目需求而定。没有特殊要求的项目一般不创建梁和梁系统的模型。只在剖面图上用详图工具绘制出梁的断面表达即可。

5.4.5 柱子在房间面积中的计算规则

在计算房间面积时,是否扣除柱子面积的设置:选择柱子,在柱子的"实例属性"对话框中勾选"房间边界"(图5.14),则柱子将成为房间边界,柱子的面积将被扣除;反之,则不扣除。

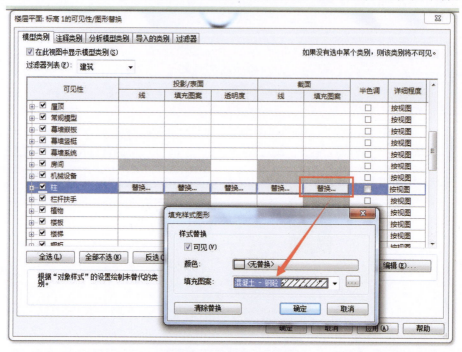

图 5.13 填充图案

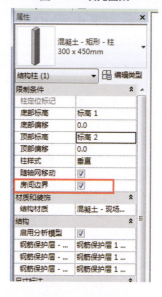

图 5.14 柱面积

教学项目6　楼板、天花板

楼板通过"拾取墙""拾取线"或使用"线"工具来创建。在Autodesk Revit中,楼板可以设置构造层。默认的楼层标高为楼板的面层标高,即建筑标高。在楼板编辑中,不仅可以编辑楼板的平面形状、开洞口和楼板坡度,还可以设置楼板的构造层找坡,实现楼板的内排水和有组织排水的分水线建模绘制。此外,Autodesk Revit软件还提供了"楼板的公制常规模型"的族样板,以方便用户自行定制。

6.1　任务内容

6.1.1　任务一　创建楼板

①创建楼板。
②楼板的编辑。
③楼板边缘。
④整合应用技巧。

6.1.2　任务二　创建天花板

①天花板的绘制。
②天花板参数的设置。
③为天花板添加洞口或坡度。
④整合应用技巧。

6.2　相关知识

6.2.1　楼板

1)创建楼板
(1)绘制边界线生成楼板
单击功能区中"建筑"→"楼板"下拉列表→楼板:建筑,如图6.1所示。Autodesk Revit界面进入绘制轮廓草图模式,建筑墙体处于灰色模式,不可以进行编辑。此时软件跳转到"修改/创建楼层边界"选项卡(图6.2),选择楼板类型"常规 – 150 mm",默认情况下,Autodesk Revit采用"拾取墙"的方式绘制楼板轮廓线,在绘图区域选择要用作楼板边界的墙,在没有外墙围合的区域可以选择一个"线"工具绘制轮廓线,绘制出闭合的楼板边界。使用Tab键切换选择,可一次选中所有外墙单击生成楼板边界。若拾取墙边线时出现交叉线条,使用"修剪"命令编辑成封闭的楼板轮廓。完成草图轮廓编辑后,单击"完成编辑模式"创建楼板(图6.3)。三维图如图6.4所示。

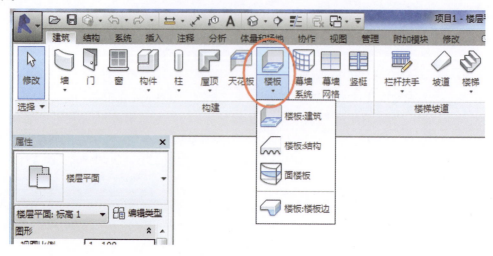

图6.1　建筑楼板

图6.2　创建楼层边界

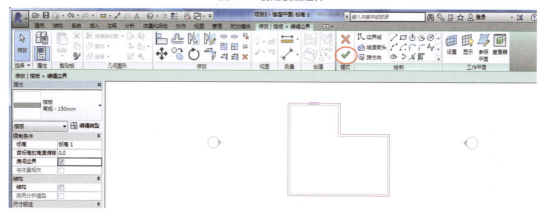

图6.3　完成楼板创建

选择楼板,若选择时捕捉不到楼板,按住 Tab 键进行切换选项;或者在三维图中选中楼板,按住"Ctrl + Tab"切换到平面视图,楼板即可选中,然后进入"修改|楼板"界面,选择"编辑边界"命令,即可修改楼板,如图6.5所示。单击"编辑边界",进入绘制草图轮廓模式,单击绘制面板下的"边界线"→"直线"进行楼板边界的修改,可修改成需要的轮廓,多余线段用 Del 键进行删

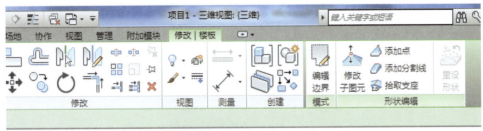

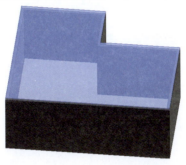

图 6.4　楼板三维图

除,单击✔完成编辑,如图 6.7 所示。

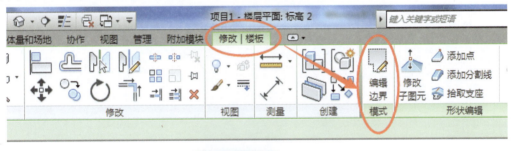

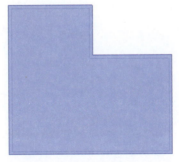

图 6.5　编辑楼板边界

(2)斜楼板的绘制

绘制坡度箭头:进入楼板编辑状态,单击功能区"修改 | 楼板"→"编辑边界"→"坡度箭头",绘制一个坡度箭头,如图 6.8 所示。在其属性对话框中选择指定尾高可以通过输入"底"(箭头尾)和"头"(箭头)的标高和偏移值指定楼板的倾斜位置(图 6.9),也可以在其"属性"对话框中选择指定"坡度"直接输入坡度值确定楼板倾斜位置(图 6.10)。

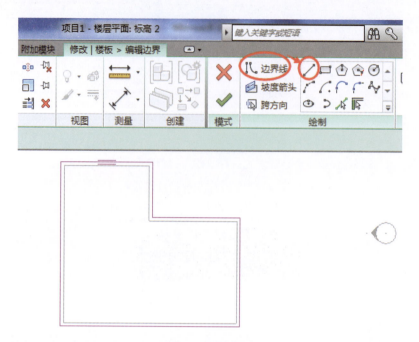

图 6.6　绘制轮廓线

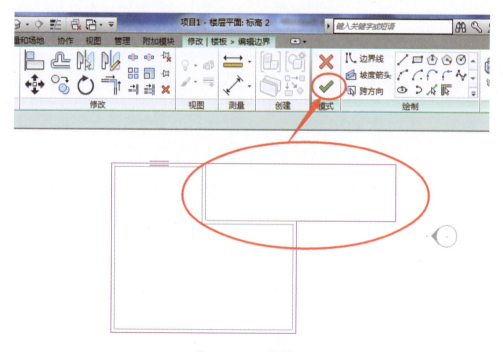

图 6.7　修改后的轮廓

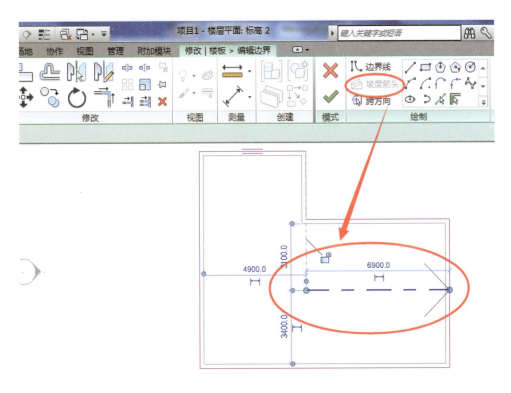

图 6.8　坡度箭头绘制

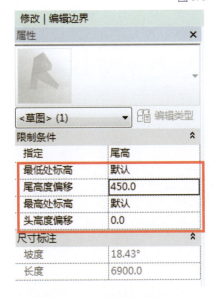

图 6.9　指定尾高确定坡度

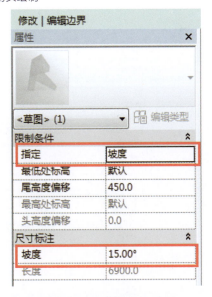

图 6.10　指定坡度确定斜楼板

2）编辑楼板

（1）修改楼板属性

选择楼板，Autodesk Revit 界面自动进入"修改|楼板"选项卡，属性对话框显示楼板的属性，单击"编辑类型"命令，选择结构"编辑"图标，修改楼板类型参数（如板厚、材质等），如图 6.11 ～图 6.13 所示。

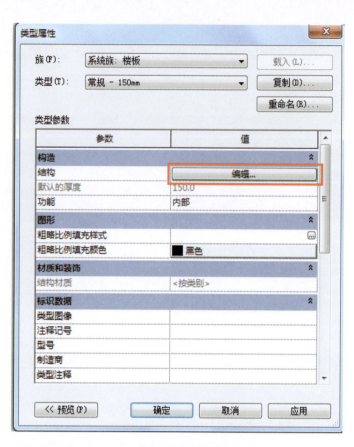

图 6.11　楼板属性　　　　　　　　　　图 6.12　编辑楼板

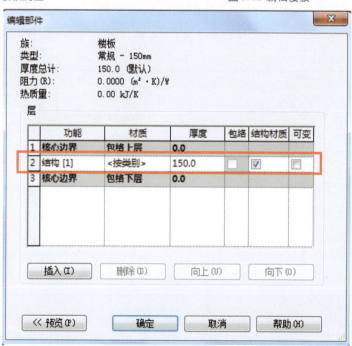

图 6.13　编辑楼板材质和厚度

（2）楼板开洞

选择楼板，单击"编辑边界"命令，进入绘制楼板轮廓草图模式，在楼板内需要开洞的地方直接绘制洞口闭合轮廓完成绘制，如图 6.14 所示。

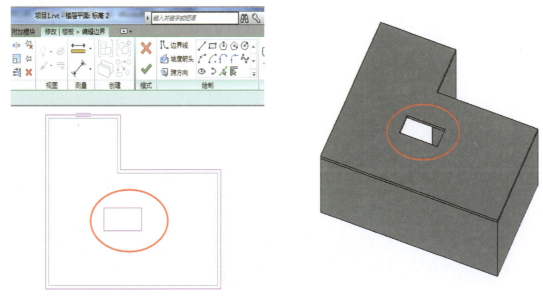

图 6.14　楼板洞口

（3）复制楼板

选择楼板，自动激活 Autodesk Revit 界面"修改|楼板"选项卡，选择"剪贴板"面板下的"复制"命令，将选中的楼板图元复制到剪贴板中，如图 6.15 所示。单击"剪贴板"面板下的"粘贴"命令，选择要复制的目标标高的名称，楼板自动复制到选中的楼层，如图 6.16 所示。

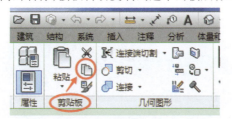

图 6.15　复制楼板

3）楼板边缘

单击"建筑"选项卡下"楼板"的下拉列表，下有"楼板:建筑""楼板:结构""面楼板""楼板:楼板边"4 个命令。添加楼板边:选择"楼板边"命令，单击选择楼板的边缘完成添加，如图 6.17 所示。

选中绘制的楼板边缘，可修改楼板边缘的限制条件下的"垂直轮廓偏移"和"水平轮廓偏移"，修改楼板的位置。单击"属性"框下的"编辑类型"按钮，可在弹出的"类型属性"对话框中修改楼板边缘的"轮廓"，如图 6.18 所示。

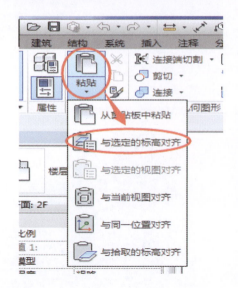

图 6.16　粘贴楼板

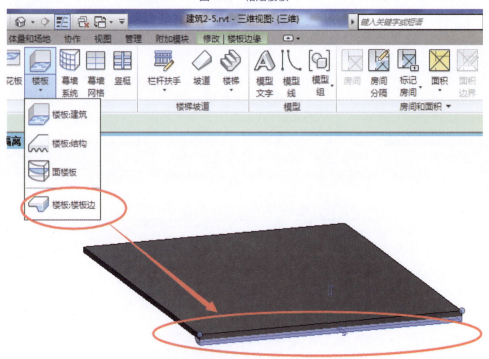

图 6.17　楼板边缘

4)综合应用技巧

(1)创建阳台、雨篷、卫生间楼板

阳台、雨篷、卫生间楼板与其他楼板的区别在于其标高一般与楼层标高不一致。创建阳台、雨篷、卫生间时,使用"楼板"工具,绘制完楼板边界后,单击"楼板属性"对话框,在 Autodesk Revit 界面中弹出的"实例属性"对话框中,选中"自标高的高度偏移"一栏,修改楼板的偏移值,就可将楼板整体向上或向下偏移,向下偏移填写负数,向上偏移填写正数,单位为毫米(mm),如图

6.19所示。

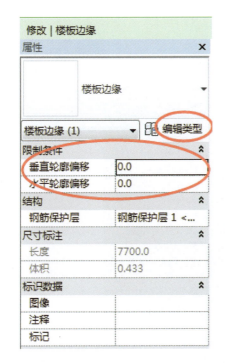

图6.18 编辑楼板边缘

（2）设置楼板找坡层

选择楼板，点击"修改|楼板"上下文选项卡，选择"形状编辑"选项卡下的"修改子图元"工具，楼板进入点编辑状态，如图6.20所示。单击"添加点"命令，在楼板需要添加控制点的地方单击，楼板将会增加一个控制点。单击"修改子图元"工具，再单击需要修改的点，在点的右上方会出现一个数值，如图6.21所示。该数值表示偏离楼板相对标高的距离，可以通过修改数值使该点高于或者低于该楼板的相对标高。

当楼层需要做找坡层或者做内排水时，应在楼板面层上找坡。选择楼板，单击"编辑类型"下拉列表中的"类型属性"，单击"结构"栏下的"编辑"，在弹出的"编辑部件"对话框中"插入"面层，"材质"选择"水泥砂浆"，勾选"面层"后的"可变"选项，如图6.22所示。在进行楼板点编辑时，只有楼板的面层会变化，结构层不会发生变化。

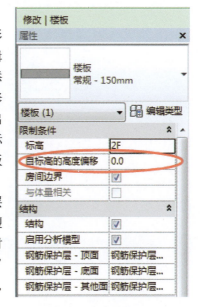

图6.19 修改楼板标高

内排水的设置：单击"添加点"工具，在内排水设计的排水点添加一个控制点，单击"修改子图元"工具，修改控制点的偏移值（排水高差值）完成控制，如图 6.23 所示。

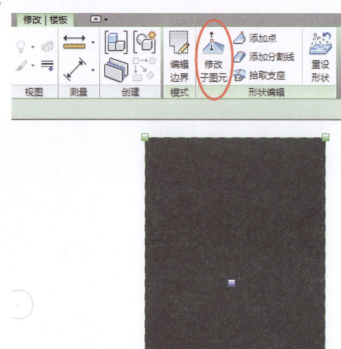

图 6.20　楼板点编辑

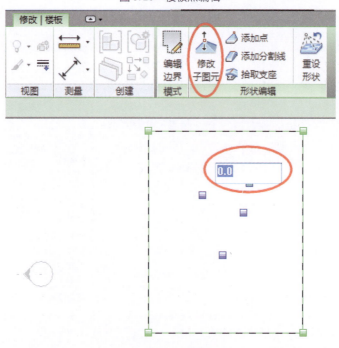

图 6.21　控制点高度编辑

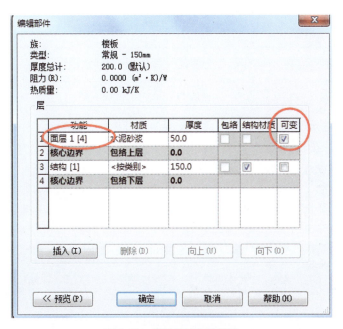

图 6.22　楼板找坡参数设置

　　"形状编辑"面板中还有"添加分割线""拾取支座"和"重设形状"命令。"添加分割线"命令可以将楼板分为多块，以实现更加灵活的调节，如图 6.23 所示；"拾取支座"用于定义分割线，并在选择梁时为板创建恒定承重线；"重设形状"命令可以恢复板原来的形状。

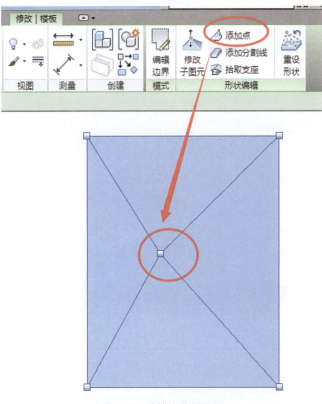

图 6.23　内排水找坡实例

提示:楼板的标高——完整的楼板包括结构承重层和面层,楼板的建筑标高是指到楼板面层的标高,结构标高是指到楼板结构层的标高,两者之间有一个面层的差值。在 Autodesk Revit 中,标高默认为建筑标高,所以结构标高为建筑标高减去面层的厚度。

6.2.2　天花板

天花板是一座建筑物室内顶部的表面。在室内设计中,天花板可以绘画以美化室内环境,还可安装吊灯、光管、吊扇,开天窗,装空调以改变室内照明及空气流通的效用。天花板的创建方法类似于楼板,区别在于楼板一般是从楼层往下创建,而天花板一般是从楼层往上创建。

1)天花板的绘制

单击"建筑"选项卡下的"天花板"工具,自动弹出"修改|放置天花板"选项卡,如图 6.24 所示。

图 6.24　天花板工具

单击"属性"实例参数,可以修改天花板的类型。Autodesk Revit 自带几种常规的天花板样式,单击"编辑类型",可以修改天花板的类型参数,如图 6.25 所示。

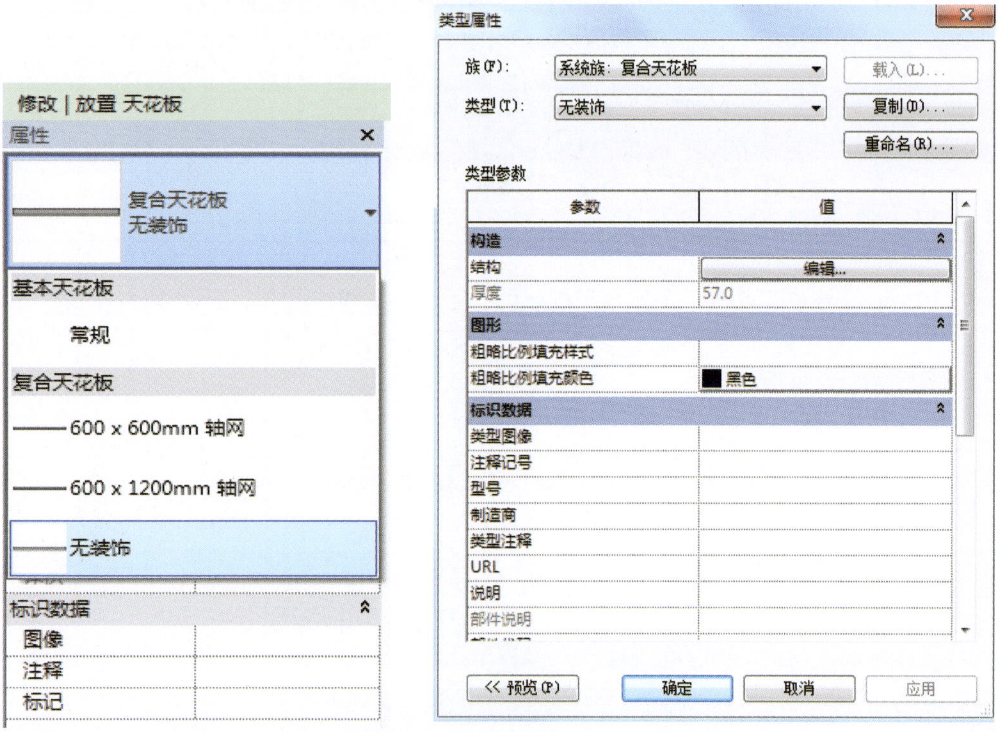

图 6.25　天花板样式

绘制天花板有两种方法:第一种方法是单击"自动创建天花板"工具,可以在以墙为界限的面积内创建天花板,如图6.26所示。

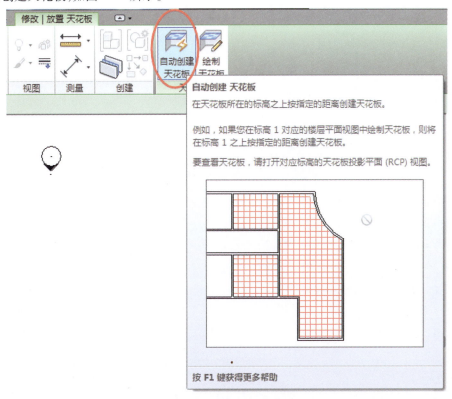

图6.26 自动创建天花板

第二种方法是自行创建天花板。单击"绘制天花板"按钮,单击绘制工具栏中的"边界线"工具,选择边界线类型后可在绘图区域绘制天花板轮廓,可基于选定的墙或绘制的线创建天花板,如图6.27所示。

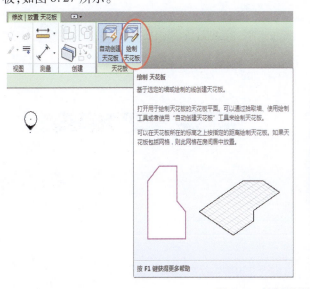

图6.27 绘制天花板

2）天花板参数的设置

（1）修改天花板高度

选中天花板，在"属性"实例参数栏中，修改"自标高的高度偏移"一栏的数值，可以修改天花板的安装高度，如图 6.28 所示。

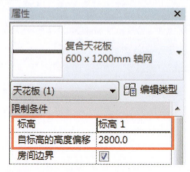

图 6.28　天花板高度

（2）修改天花板结构样式

选中天花板，修改"属性"对话框中的"编辑类型"按钮，在弹出的"类型属性"对话框中单击"结构"栏的"编辑"按钮，然后弹出"编辑部件"对话框，单击"面层 2[5]"的"材质"，材质名称后会出现带省略号的小按钮，单击此按钮，出现"材质浏览器"对话框，如图 6.29 所示。

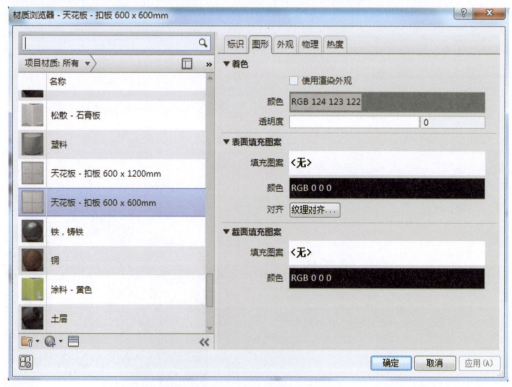

图 6.29　材质浏览器

单击"图形"选项卡下"表面填充图案"下的"填充图案"一栏，弹出"填充样式"对话框，该填充有"绘图"和"模型"两种填充图像类型，如图 6.30 所示。当选择"绘图"类型时，填充图案不支持移动、对齐,还会随着视图比例的大小变化而变化。选择"模型"类型时,填充图案可以移动或对齐,不会随比例大小变化而变化,而是始终保持不变。所以在设置填充时,尽量选择"模型"类型进行填充样式的设置。

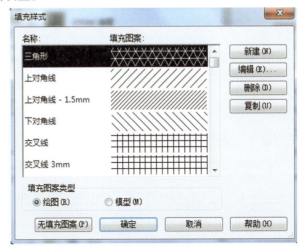

图6.30 填充样式

3)添加天花板洞口或坡度

(1)绘制洞口

选择天花板,单击"编辑边界"工具,在自动弹出的"修改|天花板|编辑边界"的选项卡的"绘制"面板中单击"边界线"工具,在天花板轮廓内部绘制闭合区域,单击"完成天花板"按钮完成绘制,即可在天花板上开洞口,如图6.31所示。

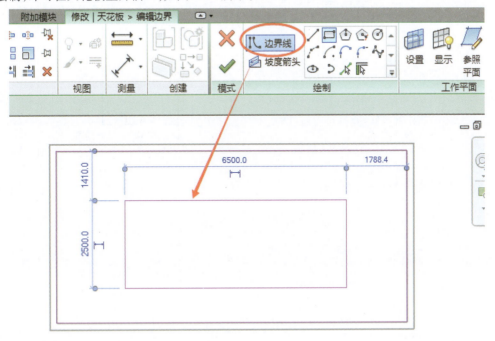

图6.31 天花板洞口

（2）绘制坡度箭头

选择天花板,单击"编辑边界"工具,在自动弹出的"修改|天花板|编辑边界"的选项卡的"绘制"面板中单击"坡度箭头"工具,绘制坡度箭头。修改"实例属性"工具栏中的坡度或者箭头尾高,然后确定完成绘制。

6.3　任务分解演示与学生练习

6.3.1　任务一　分析与演示

练习1:根据给定的墙轮廓,绘制楼板和楼板开洞,如图6.32所示。

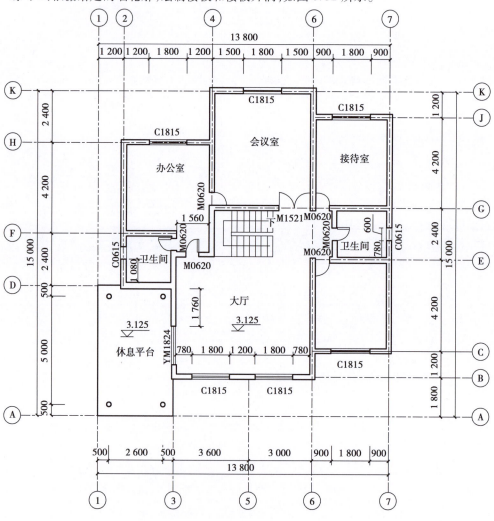

二层平面图　1:100

图6.32　绘制楼板

绘制要求:楼板厚度均为 120 mm,材质为混凝土。卫生间降板厚度为 350 mm,楼梯间进行楼板开洞。

提示:绘制方法参考 6.2 节所讲内容。

练习 2:根据给定的尺寸,绘制楼板内排水和楼板开洞,如图 6.33 所示。

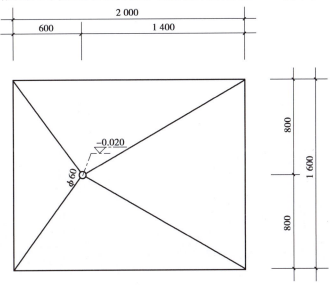

平面图　1:30

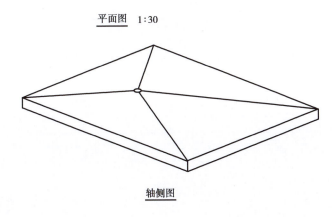

轴侧图

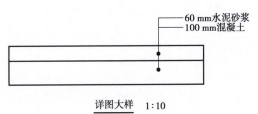

详图大样　1:10

图 6.33　楼板放坡绘制

提示:绘制方法同 1.2 节所讲内容。

6.3.2 任务二 分析与演示

根据给定的墙轮廓,绘制天花板和天花板开洞,如图 6.34 所示。

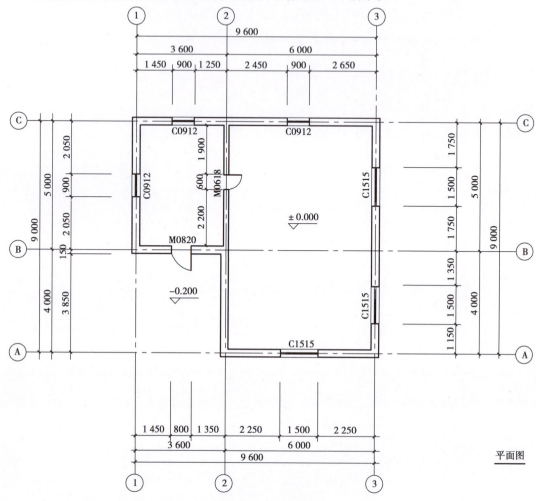

图 6.34 绘制天花板

绘制要求:天花板高度在本层标高向上偏移 2 800 mm,左侧小房间天花板正中间开 2 m×2 m 的洞,右侧大房间满布天花板。

提示:绘制方法参考 6.2 节所讲内容。

6.4 技能提高

绘制建筑模型时图元是非常繁多的,对初学者而言,经常会出现无法选中目标或选错目标等情况。因此,合理使用选择过滤器是提高建模效率的重要环节。

选择过滤器的使用:打开建模时的任何一个楼层平面图,由于绘制楼板依附于墙体进行创建,绘制完成后再选中绘制的楼板就比较困难,一般先选中楼层平面图中所有的图元,修改选项卡中会出现的"过滤器",如图 6.35 所示;点选"过滤器",弹出"过滤器"选项窗口,打开后默认全部选取,选择"放弃全部",再勾选"楼板"选项卡,就选中了楼板,如果在楼层平面中选中的楼板显示不明显,按住"Ctrl + Tab"键切换视图到三维视图,就可以显示出选中的楼板为蓝色。

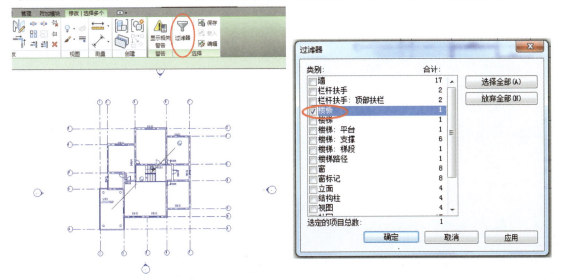

图 6.35　过滤器

6.5　易犯错误提示

(1)绘制楼板轮廓范围

选项栏参数释义:延伸到墙中(至核心层),用于定义轮廓线到墙核心层之间的偏移距离。如偏移值为零,则楼板轮廓线会自动捕捉到墙的核心层内部进行绘制。如不选择该参数,则楼板轮廓线会自动捕捉墙的内边线。

(2)楼板开洞

楼板绘制的步骤一般是先按照建筑轮廓整体绘制一个大的楼板,再在需要开洞或编辑楼板降板的部位直接绘制闭合的线框进行开洞。若在高层建筑中每一层开洞位置和形状是一样的(如电梯井、楼梯间),可采用功能区的"按面""竖井"和"垂直"进行开洞,属性卡中设置好楼板开洞深度即可统一开洞,提高绘图效率。一定要注意正确设置"竖井"和"垂直"洞口深度数值。

教学项目 7 门、窗

7.1 任务内容

7.1.1 任务一 插入门窗

单击"建筑"选项卡,选择"门"/"窗",如图 7.1 所示;单击"属性"(图 7.2)选择适当的门窗类型,把鼠标移至绘图面板中墙体位置,单击鼠标左键放置门(图 7.3),双击尺寸数值更改精确门窗位置,如图 7.4 所示。

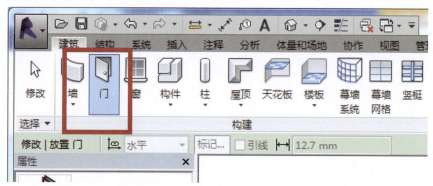

图 7.1 门

图 7.2 门类型

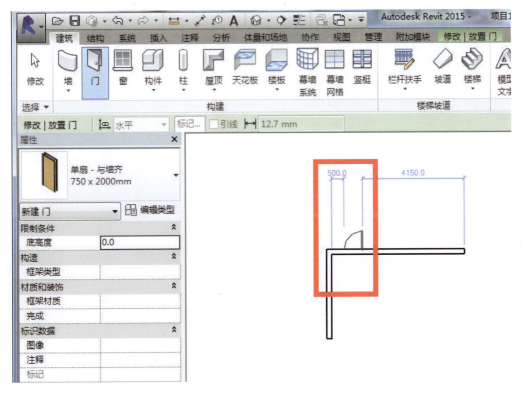

图 7.3　放置门

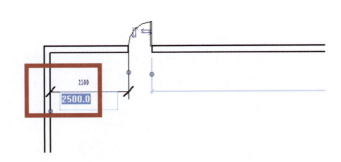

图 7.4　门位置修改

7.1.2　任务二　编辑门窗参数

单击"门"/"窗"(图 7.5),单击左侧"编辑类型"(图 7.6),单击"载入",选择"门"/"窗"文件夹(图 7.7),选择符合要求的门窗(图 7.8),选择类型参数,修改正确的数值如门窗高度、宽度、框架、玻璃材质等(图 7.9),单击"应用"按钮,然后单击"确定"按钮即完成门窗参数的编辑。

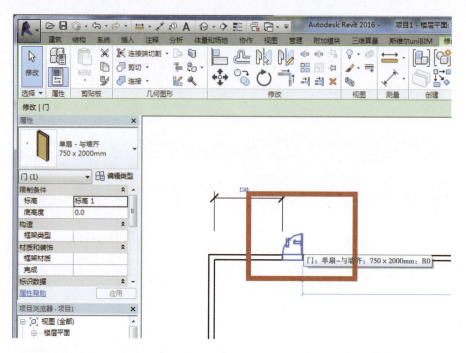

图 7.5　选中门

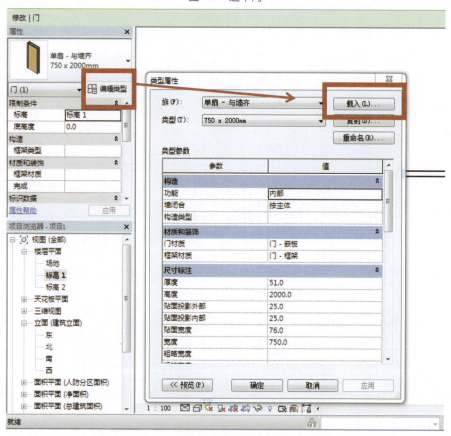

图 7.6　载入门

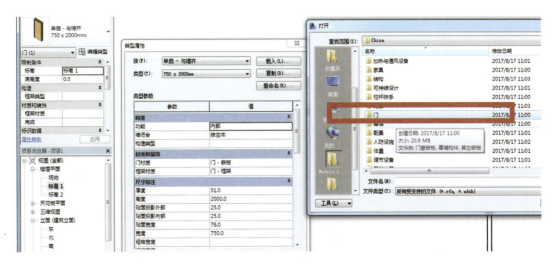

图7.7　族库

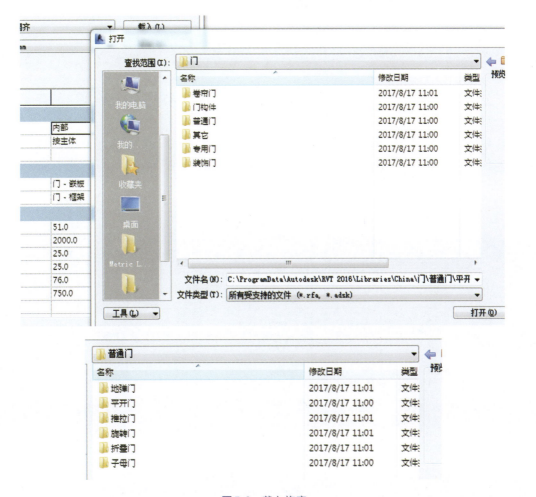

图7.8　载入族库

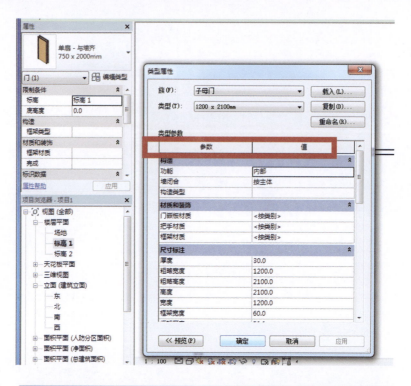

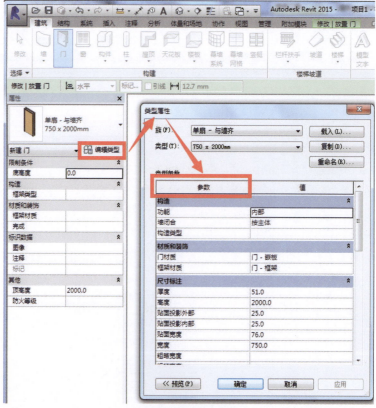

图 7.9　修改门窗参数

7.2 相关知识

7.2.1 标高的设置

在建筑面板中选择标高(快捷命令 LL),可绘制任意高度的标高。绘制完成后在"项目浏览器"中"楼层平面"中视图不可见,在"视图"面板中选择"平面视图",再选择"楼层平面",全选所有标高,生成各标高楼层平面视图。

7.2.2 墙体绘制

一般墙体的绘制:使用"墙"工具在建筑模型中创建非承重墙或结构墙。墙体绘制工具:选择直线、矩形、多边形、弧形等墙体的绘制方法进行墙体绘制。在使用墙体绘制工具绘制墙体时,在选项栏上设置墙高度、定位线、偏移值、墙链,勾选选项栏上"链"选项,才能连续画墙。

7.2.3 门窗插入

①插入门窗时输入"SM",自动捕捉到中点插入。
②插入门窗时在墙内外移动鼠标,可以改变门的开启方向。

7.3 任务分析演示与学生练习

7.3.1 任务一 分析与演示

练习:根据给定的墙轮廓(图 7.10),绘制门(图 7.11)。绘制要求:卧室门为平开木门,宽 900 mm,高 2 100 mm;入户为门平开防盗金属子母门,宽 1 200 mm,高 2 100 mm;卫生间门为玻璃门,宽 650 mm,高 2 100 mm;厨房门为玻璃推拉门,宽 1 800 mm,高 2 100 mm。插入位置:卧室门、入户门、卫生间门均留 100 mm 墙垛,厨房门居中设置。

提示:绘制方法同 7.1.1 节所讲内容。

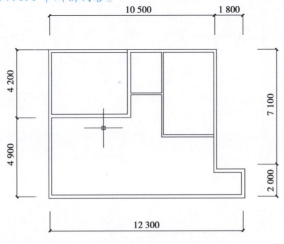

图 7.10 原始户型图

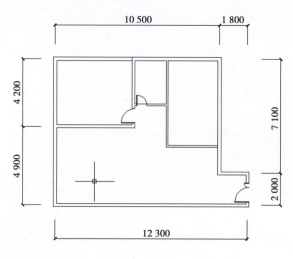

图 7.11 绘制门

7.3.2 任务二 分析与演示

练习:根据给定的墙轮廓(图 7.10),绘制窗(图 7.12)。绘制要求:卧室平开窗为铝合金中空玻璃窗,宽 2 400 mm,高 1 800 mm,窗台高 400 mm;客厅窗为平开铝合金中空玻璃窗,宽 3 000 mm,高 1 500 mm,窗台高 900 mm;卫生间为塑钢中空玻璃高窗,宽 800 mm,高 1 200 mm,窗台高 1 000 mm;厨房窗平开铝合金中空玻璃窗,宽 1 500 mm,高 1 500 mm。插入位置均按如图 7.12 所示的窗户尺寸设置。

提示:绘制方法同 7.1.2 节所讲内容。

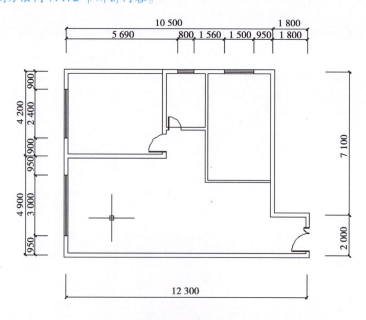

图 7.12 绘制窗

7.4　技能提高

绘制两道门及两扇窗:其中一道为宽 900 mm、高 2 100 mm 的平开门;另一道为宽 3 000 mm、高 2 100 mm 的水平卷帘门。一扇窗宽 1 800 mm、高 1 500 mm,窗台高 900 mm,窗框用铝合金材质;另一扇窗宽 1 500 mm;高 900 mm、窗台高 1 200 mm,窗框用塑钢。

7.5　易犯错误提示

修改类型参数中默认窗台高的数值,只会影响随后插入的窗台高度,对之前插入的窗台高度没有任何影响。

教学项目 8　屋顶、洞口

　　屋顶是建筑的重要组成部分。在 Autodesk Revit Architecture 中提供了多种建模工具,如极限屋顶、拉伸屋顶、面屋顶、玻璃斜窗等创建屋顶的常规工具。此外,对一些特殊造型的屋顶,还可以通过内建模型的工具来创建。在 Autodesk Revit 软件里,用户不仅可以通过编辑楼板、屋顶、墙体的轮廓来实现开洞口,而且还可以通过软件提供的专门的"洞口"命令来创建面洞口、竖井洞口、墙洞口、垂直洞口、老虎窗洞口。此外对异型洞口造型,用户还可以通过创建内建族的空心形式,应用剪切几何形体命令来实现。

8.1　任务内容

8.1.1　任务一　创建屋顶

①创建迹线屋顶。
②创建圆锥屋顶。
③创建双坡屋顶。
④创建双重斜坡屋顶。
⑤编辑迹线屋顶。

8.1.2　任务二　创建洞口

①创建面洞口。
②创建竖井洞口。
③创建墙洞口。
④创建垂直洞口。
⑤编辑老虎窗洞口。

8.2　相关知识

8.2.1　创建迹线屋顶

　　在"建筑"面板的"屋顶"面板下拉列表中选择"迹线屋顶"选项,进入绘制屋顶轮廓草图模式,此时软件自动跳转到"创建楼层边界"选项卡,单击"绘制"面板下的"拾取墙"命令,在选项栏中勾选"定义坡度"复选框,制订楼板边缘的偏移量,同时勾选"延伸到墙中(至核心层)"复选框。拾取墙时,可选择拾取到有涂层和构造层的复合墙体的核心层,如图8.1所示。

☑ 定义坡度	悬挑: 0.0	☐ 延伸到墙中(至核心层)

图8.1　迹线屋顶

使用 Tab 键切换选择,可一次选中所有外墙,单击生成楼板边界。如出现交叉线条,可使用“修剪”命令编辑成封闭楼板轮廓,或者单击“线”命令,用线绘制工具绘制封闭楼板轮廓。完成编辑后的视图如图8.2所示。需要注意的是,如取消勾选“定义坡度”复选框则生成平屋顶。

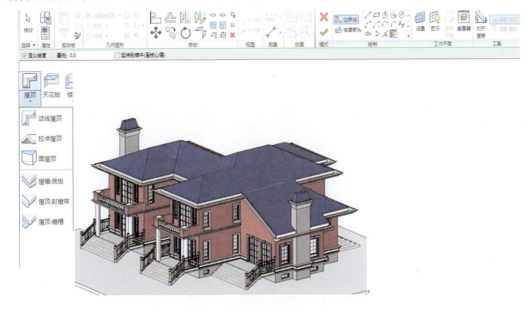

图8.2　坡屋顶

8.2.2　创建圆锥屋顶

在“建筑”面板的“屋顶”下拉列表中选择“迹线屋顶”选项,进入绘制屋顶轮廓草图模式。

打开“属性”对话框,可以修改屋顶属性,如图8.3所示。用“拾取墙”或“线”“起点-终点-半径弧”命令绘制有圆弧线条的封闭轮廓线。选择轮廓线,选项栏勾选“定义坡度”复选框,“ ◺ 30.00°”符号将出现在其上方,单击角度值设置屋面坡度。完成绘制后的视图如图8.4所示。

8.2.3　四面双坡屋顶

在“建筑”面板的“屋顶”下拉列表中选择“迹线屋顶”选项,进入绘制屋顶轮廓草图模式。在选项栏取消勾选“定义坡度”复选框,用“拾取墙”或“线”命令绘制矩形轮廓。

选择“参照平面”绘制参照平面,调整临时尺寸使左、右参照平面间距等于矩形宽度。

在“修改”栏选择“拆分图元”选项,单击右边参照平面处,将矩形长边分为两段。添加“坡度箭头”,选择“修改 屋顶”|“编辑迹线”选项卡,单击“绘制”面板中的“属性”按钮,设置坡度属性,单击屋顶。完成绘制后的视图如图8.5所示。

图 8.3 屋顶"属性"

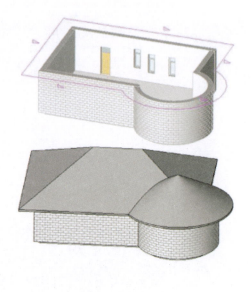

图 8.4 屋顶

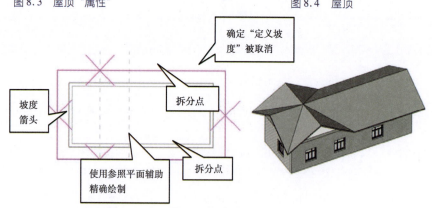

图 8.5 双坡屋顶

需要注意的是,单击坡度箭头可在"属性"中选择尾高和坡度,如图 8.6 所示。

8.2.4 双重斜坡屋顶(截断标高应用)

在"建筑"面板的"屋顶"下拉列表中选择"迹线屋顶"选项,进入绘制屋顶轮廓草图模式。

使用"拾取墙"或"线"命令绘制屋顶,在属性面板中设置"截断标高"和"截断偏移",如图 8.7 所示。完成绘制后的视图如图 8.8 所示。

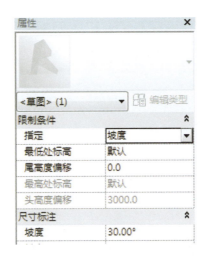

图 8.6　坡度修改

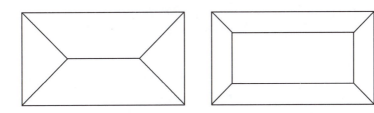

图 8.7　截断屋顶

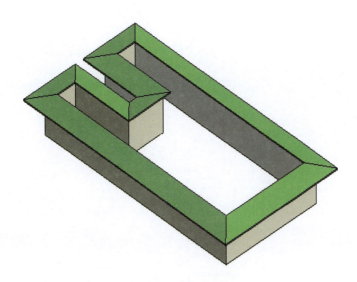

图 8.8　屋顶三维图

用"迹线屋顶"命令在截断标高上沿第一层屋顶洞口边线绘制第二层屋顶。如果两层屋顶的坡度相同,在"修改"选项卡的"编辑几何图形"中选择"连接|取消连接屋顶"选项,连接两个屋顶,隐藏屋顶的连接线,如图 8.9 所示。

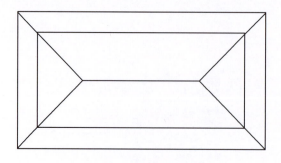

图 8.9　双重斜坡屋顶

8.2.5　编辑迹线屋顶

选择迹线屋顶,单击"屋顶",进入修改模式,单击"编辑迹线"命令,修改屋顶轮廓草图,完成屋顶设置。

属性修改:在"属性"对话框中可修改所选屋顶的标高、偏移、截断层、橡截面、坡度等;在"类型属性"中可以设置屋顶的构造(结构、厚度)、图形(粗略比例填充样式、颜色)等,如图 8.10 所示。

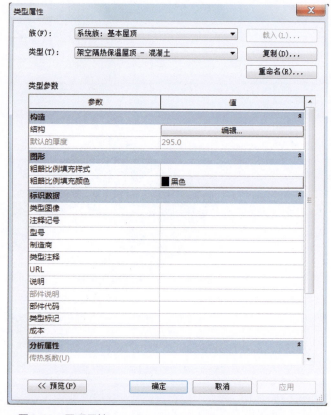

图 8.10　屋顶属性

选择"修改"选项卡下"编辑几何图形"中的"连接|取消连接屋顶"选项,连接屋顶到另一个屋顶或墙上,如图 8.11 所示。

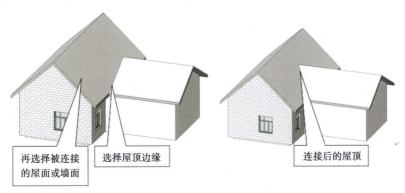

图 8.11 连接屋顶

对从平面上不能创建的屋顶,可以从立面上用拉伸屋顶着手创建模型,如图 8.12 所示。

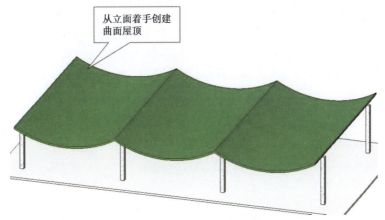

图 8.12 拉伸屋顶

(1)创建拉伸屋顶

在"建筑"面板中单击"屋顶"下拉按钮,在弹出的下拉列表中选择"拉伸屋顶"选项,进入绘制屋顶轮廓草图模式。在"工作平面"对话框中设置工作平面(选择参照平面或轴网绘制屋顶截面线),选择工作视图(立面、框架立面、剖面或三维视图作为操作视图)。在"屋顶参照标高和偏移"对话框中选择屋顶的基准标高,如图 8.13 所示。

绘制屋顶的截面线(单线绘制,无须闭合),单击"设置拉伸起点、终点"完成绘制,如图 8.14 所示。

完成绘制后的视图如图 8.15 所示。

(2)框架里面的生成

创建拉伸屋顶时经常需要创建一个框架立面,以便于绘制屋顶的截面线。

选择"视图"选项卡,在"创建"面板的"立面"下拉列表中选择"框架立面"选项,点选轴网或命名的参照平面,放置立面符号。

项目浏览器中自动生成的"立面 1-a"视图如图 8.16 所示。

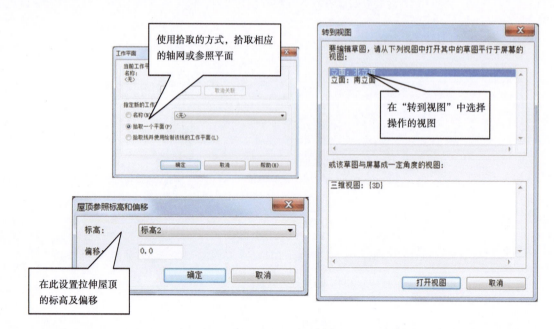

图 8.13　绘制拉伸屋顶

图 8.14　拉伸屋顶线条

图 8.15　拉伸屋顶三维图

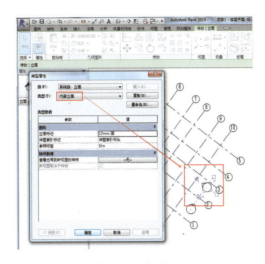

图 8.16　立面图

（3）编辑拉伸屋顶

选择拉伸屋顶，单击选项栏中的"编辑轮廓"按钮，修改屋顶草图，完成屋顶的绘制。

属性修改：修改所选屋顶的标高、拉伸起点、终点、椽截面等实例参数；编辑类型属性可以设置屋顶的构造（结构、厚度）、图形（粗略比例填充样式、颜色）等。

8.2.6　洞口

（1）面洞口

单击"常用"选项卡里"洞口"面板上"按面"命令（图 8.17），拾取屋顶、楼板或天花板的某一面并垂直于该面进行剪切，绘洞口形状，单击"完成洞口"命令，完成洞口的创建。

（2）竖井洞口

单击"竖井"命令，该选项是在建筑的整个高度上（或通过选定标高）剪切洞口，使用此选项，可以同时剪切屋顶、楼板或天花板的面，如图 8.18 所示。

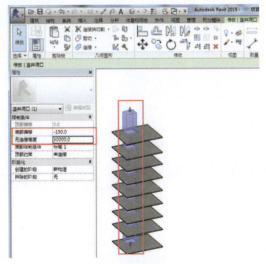

图 8.17　面洞口　　　　　　　　图 8.18　竖井洞口

（3）墙洞口

单击"墙"命令，选择墙体，绘制洞口形状完成洞口的创建。

（4）垂直洞口

单击"垂直"命令，拾取屋顶、楼板或天花板的某一面并垂直某个标高进行剪切，绘制洞口形状，单击"完成洞口"命令。完成洞口创建的视图如图8.19所示。

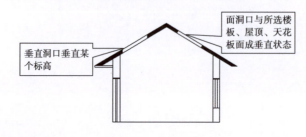

图 8.19　垂直洞口

（5）老虎窗洞口

创建老虎窗所需墙体，设置其墙体的偏移值。创建双坡屋顶，如图8.20所示。

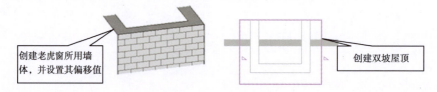

图 8.20　老虎窗洞口

将墙体与两个屋顶分别进行附着处理，将老虎窗屋顶与主屋顶进行"连接屋顶"处理，如图8.21所示。

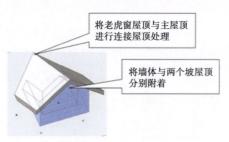

图 8.21　老虎窗

单击"老虎窗洞口"命令，拾取主屋顶，进入"拾取边界"模式，点取老虎窗屋顶或其底面、墙的侧面、楼板的底面等有效边界，修剪边界线条，完成边界剪切洞口，如图8.22所示。

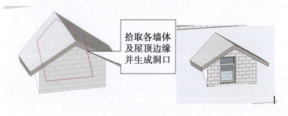

图 8.22　生成老虎窗

8.3　任务分解演示与学生练习

绘制异型坡屋顶：单击"构建"→"屋顶"→"迹线屋顶"命令，进入绘制屋顶迹线草图模式，如图 8.23 所示。在"绘制"面板中选择"边界线"命令，在选项栏上修改"偏移量"为 800 mm，绘制出屋顶的轮廓，如图 8.24 所示。

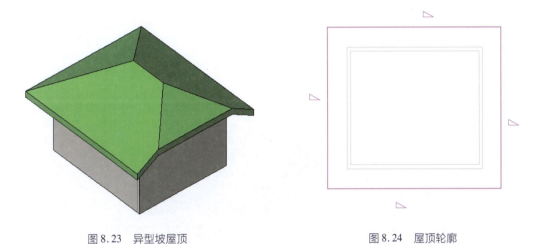

图 8.23　异型坡屋顶　　　　　　　　　图 8.24　屋顶轮廓

单击"修改"面板中的"拆分"工具，将屋顶右边拆分为 3 段，选择两端"定义坡度"，在"属性"对话框中修改"与屋顶基准的偏移"栏后的数值，如图 8.25 所示。单击"完成屋顶"完成绘制。

图 8.25　定义屋顶属性

8.4 技能提高

有些复杂的屋顶要分块绘制,有简便方法吗?

在 Autodesk Revit 中绘制的迹线屋顶,只要在迹线中定义了坡度的线段底部的标高都是一样的,如图 8.26 中右侧的屋顶。如果要绘制图 8.26 中左侧的屋顶是否要分成几块来绘制? 答案是否定的。下面就介绍解决这个问题的"坡度箭头"命令。

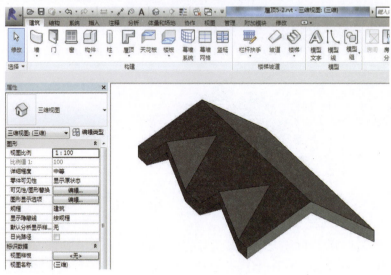

图 8.26 复杂屋顶

在了解上述迹线屋顶的特性后,绘制出如图 8.27 所示的迹线屋顶轮廓。注意图中定义坡度的位置,如果两处都设置坡度就会出现图中右侧屋顶的情况。

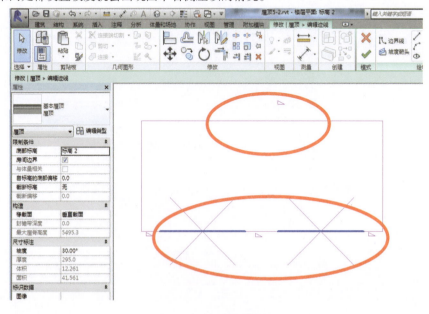

图 8.27 绘制迹线屋顶

　　编辑迹线屋顶轮廓,选择"坡度箭头"命令。坡度箭头与迹线屋顶定义坡度的特性一样,箭头尾部标高和被定义过坡度的迹线标高一样。因此,绘制坡度箭头时要设置好箭头起点位置,成图如图 8.28 所示。

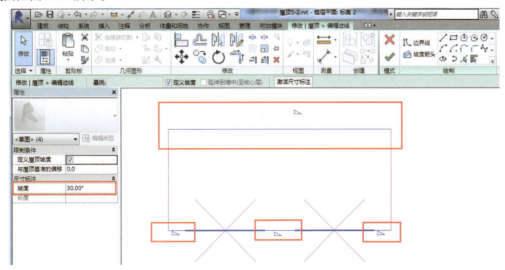

图 8.28　坡屋顶

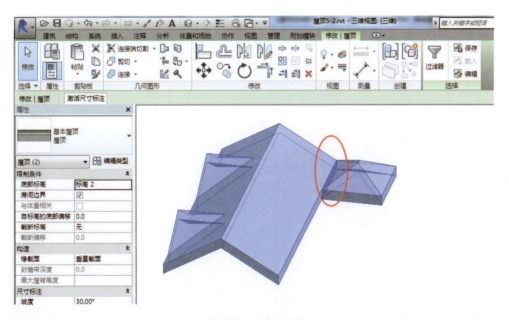

图 8.29　连接屋顶

　　在如图 8.29 所示的两屋顶交接处定义坡度为 30°(因为大屋顶的坡度定义为 30°)后就可以发现,两块屋顶可以无缝连接。最后使用连接命令即可达到图 8.29 中左边屋顶的效果。

8.5 易犯错误提示

①竖井洞口的画法。

②竖井的作用主要是切结构楼板、屋面、中庭。竖井所通过的以及接触的板都会被开洞。

注意:竖井不切建筑面层,在画建筑面层时就得绕开编辑边界。

③竖井不要多切,底和顶按情况多出 300 ~ 500 mm。

④画竖井的同时添加符号线,竖井带着符号线是一个模型信息,如图 8.30 所示。

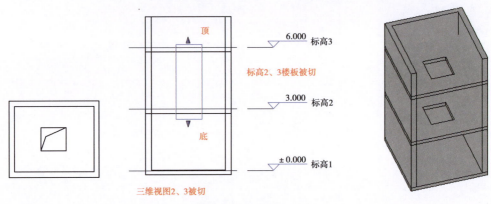

图 8.30　竖井洞口

⑤找洞口:洞口应贴梁边找,而不是贴墙找。把握有效尺寸,这样在给机电专业提要求时图就会更准确,不容易出错。

楼梯作为建筑物的一部分,承担着垂直交通的作用。而散水、雨棚、室外台阶作为非主要构件,在大部分民用建筑中也会经常出现。以下将通过简单实例给读者讲解楼梯建模的基本操作。

9.1　任务内容

9.1.1　任务一　根据给定图纸绘制楼梯

绘制楼梯大样,如图9.1所示。

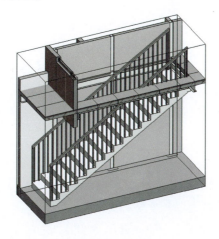

图9.1　楼梯模型

9.1.2　任务二　根据给定图纸绘制散水

绘制散水大样,如图9.2所示。

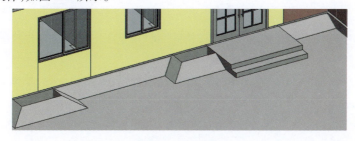

图9.2　散水模型

9.1.3 任务三 根据给定图纸绘制雨棚

绘制雨棚大样,如图 9.3 所示。

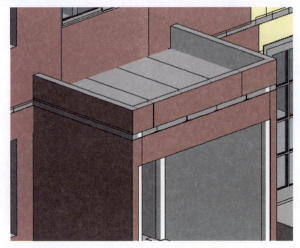

图9.3 雨棚模型

9.1.4 任务四 根据给定图纸绘制室外台阶

绘制室外台阶大样,如图 9.4 所示。

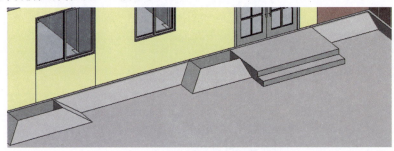

图9.4 室外台阶模型

9.2 相关知识

9.2.1 楼梯建模方法

常见的楼梯建模有两种方法,分别是"按构件"及"按草图"建模,规则楼梯采用"按构件"建模更加方便。

首先通过图纸了解楼梯的相关数据:梯段宽度、踢面高度、踏板深度、踢面数、底部标高、顶部标高。

将楼层平面视图切换到相应标高,然后将带有楼梯的平面图导入视图中并对齐、锁定轴网,单击建筑选项卡下的"楼梯"→"楼梯(按构件)"选项,如图 9.5 所示。

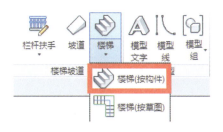

图 9.5　"按构件"建模

　　进入绘制界面之后选择所需楼梯类型并单击"编辑类型",按照正常的模型绘制方法复制一个类型并命名为"楼梯××",根据图纸中的数据将相应选项修改至匹配,其中定位线按照个人习惯设置,没有固定要求,如图 9.6 和图 9.7 所示。

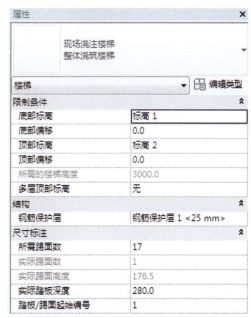

图 9.6　类型属性

图 9.7　设置定位线

　　按照图纸从下至上绘制梯段(A 点到 B 点),确认无误后完成编辑,如图 9.8 所示。

9.2.2　散水建模方法

　　散水作为异型构件,建模的方法有很多种,这里利用修改楼板的方法进行建模。

　　首先将楼层平面视图切换到相应标高,然后将带有散水的 CAD 平面图导入视图中并对齐、锁定轴网,单击建筑选项卡下的"楼板"选项,如图 9.9 所示。

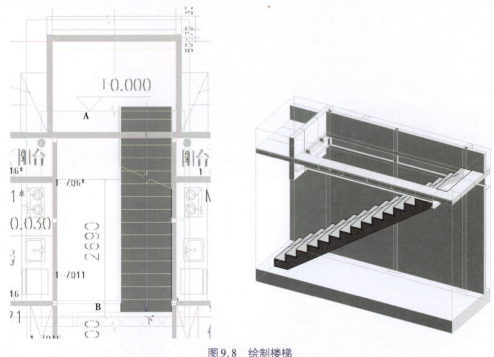

图 9.8　绘制楼梯

图 9.9　"楼板"选项

进入绘制界面之后,选择一种常规楼板并单击"编辑类型",按照正常的楼板绘制方法复制一个类型并命名为"散水",编辑结构中的"可变"选项,如图 9.10 和图 9.11 所示。

绘制散水的轮廓线并单击✔完成编辑模式,如图 9.12 所示。

选择所绘制的散水并单击关联选项卡下的"添加点"以及"修改子图元",如图 9.13 所示。

单击散水上的控制点并修改控制点的高程,即可实现控制散水的坡度(坡度箭头无法控制复杂形状,故选用此方法),如图 9.14 所示。

图 9.10　编辑类型

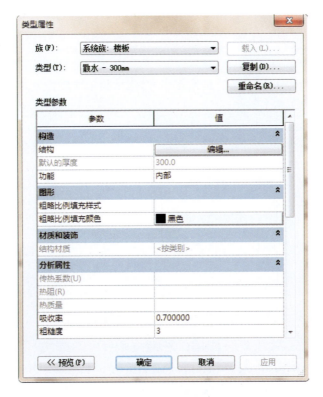

图 9.11　类型属性

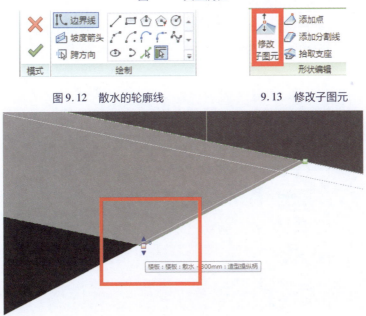

图 9.12　散水的轮廓线　　　　　9.13　修改子图元

图 9.14　控制点

9.2.3　雨棚建模方法

雨棚的建模方法与楼板和墙类似。值得注意的是,如果想要做出自带坡度且厚度有变化的

107

板,可参考散水的做法。

9.2.4 室外台阶建模方法

室外台阶作为异型构件,建模的方法有很多种,这里利用楼板边的方法进行建模。在放置楼板边之前需要满足以下两个条件:

①台阶的平面部分需要用楼板进行建模,此处不详述。

②需要利用轮廓族建立台阶的断面形状,新建族"公制轮廓",绘制台阶断面形状并将轮廓族载入项目,如图9.15所示。

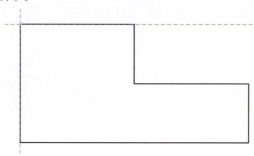

图9.15　台阶断面形状

将楼层平面视图切换到相应标高,然后将带有台阶的 CAD 平面图导入视图中并对齐、锁定轴网,单击建筑选项卡下的"楼板"→"楼板边"选项。新建类型并命名为"室外台阶-××",将轮廓替换为载入的台阶断面轮廓,如图9.16所示。

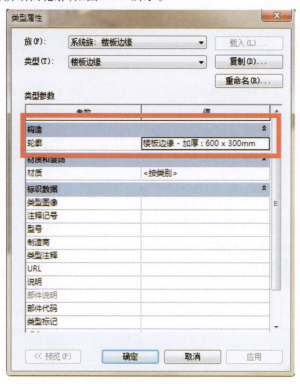

图9.16　类型属性

完成创建后单击楼板的边缘，即完成室外台阶的创建，如图 9.17 所示。

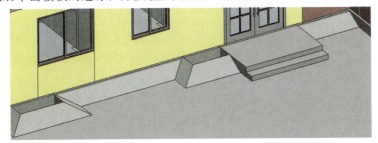

图 9.17　室外台阶

9.3　任务分解演示与学生练习

9.3.1　任务一　分析与演示

①将楼层平面视图切换为"标高 1"，然后将楼梯平面图导入视图中并对齐轴网。

②复制新类型并命名为"楼梯 1"，按照图纸设置相应数据：

a. 梯段宽度：1 150 mm；

b. 踢面高度：187.5 mm；

c. 踏板深度：280 mm；

d. 踢面数：16；

e. 底部标高：标高 1；

f. 顶部标高：标高 2；

g. 定位线；梯段左。

③按照 9.2.1 所述方法绘制楼梯并单击完成编辑退出编辑模式，如图 9.18 所示。

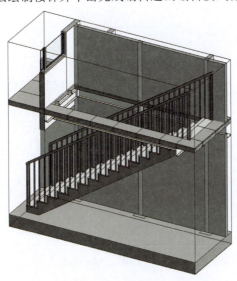

图 9.18　楼梯模型

9.3.2　任务二　分析与演示

①将楼层平面视图切换为"标高 1",然后将一层平面图导入视图中并对齐轴网,按照 9.2.2 所述方法绘制散水的轮廓线,将楼板厚度设置为 300 mm,并单击 ✔完成编辑,退出编辑模式,如图 9.20 所示。

②选择所绘制的散水并单击关联选项卡下的"修改子图元",将外围控制点的高程改为与室外地坪平齐(−300 mm),即完成散水的建模,如图 9.21 所示。

需要注意的是,如果想让板的厚度可变,就要在编辑厚度页面勾选"可变"选项,如图 9.19 所示。

	功能	材质	厚度	包络	结构材质	可变
1	核心边界	包络上层	0.0			
2	结构 [1]	<按类别>	150.0	□	☑	□
3	核心边界	包络下层	0.0			

图 9.19　"可变"选项

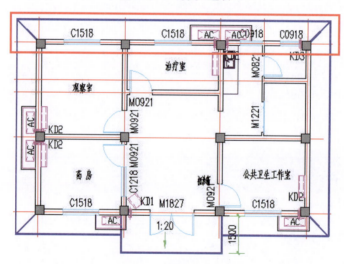

图 9.20　散水轮廓线

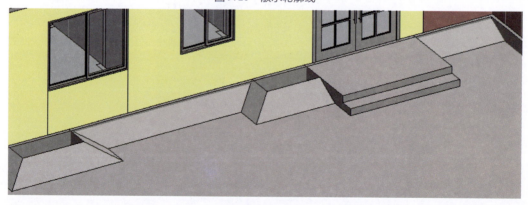

图 9.21　散水

9.3.3　任务三　分析与演示

①将带有雨棚的 CAD 图导入平面视图中。

②按照绘制板和墙的方法绘制雨棚,绘制过程中要注意标高是否正确。

③带坡度的雨棚板做法可参考散水的做法。

9.3.4　任务四　分析与演示

①新建族"公制轮廓",绘制台阶断面形状,踏步高 150 mm,踏步宽 300 mm,将轮廓族载入项目,如图 9.22 所示。

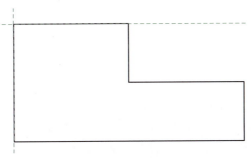

图 9.22　台阶断面形状

②将楼层平面视图切换到"标高 1",然后将带有台阶的 CAD 平面图导入视图中并对齐,锁定轴网,点击建筑选项卡下的"楼板"→"楼板边"选项。新建类型并命名为"室外台阶-×××",将轮廓替换为载入的台阶断面轮廓,如图 9.23 所示。

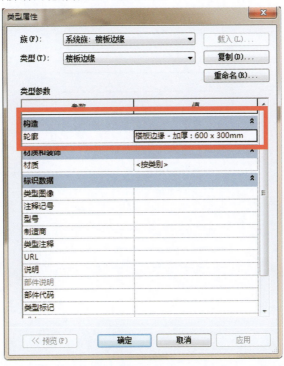

图 9.23　类型属性

③完成创建后用鼠标左键单击楼板的边缘(平面视图或者三维视图皆可,根据需要自行调节),即完成了室外台阶的创建,如图 9.24 所示。

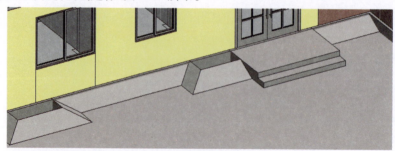

图 9.24　室外台阶

9.4　技能提高

①探索"按草图"绘制楼梯的过程。利用"边界"选项绘制梯段以及平台部分的边线,利用"踢面"选项绘制踏步的形状,其他数据的设置与"按构件"绘制楼梯时相同,如图 9.25 所示。

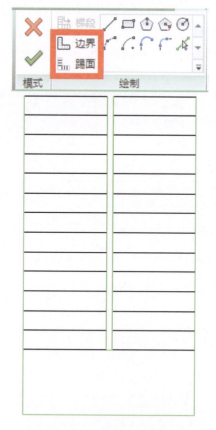

图 9.25　"按草图"绘制楼梯

②探索通过"建筑"选项卡→"构键"→"内建模型"流程创建散水、室外台阶等异型构件方法,其流程与创建族一致。

③栏杆扶手的建模在 Autodesk Revit 中的优化并不够完善,现阶段掌握基本建模方法即可,若要建立复杂的栏杆扶手可利用建立族的方法进行解决,本书仅介绍基本操作。

单击建筑选项卡→"栏杆扶手"→"绘制路径"进入编辑界面,如图 9.26 所示。选择适当的绘制方法绘制栏杆扶手的路径,如图 9.27 所示。

图 9.26　栏杆扶手 　　　　　　　　　　　　　　图 9.27　绘制路径

可通过编辑"类型属性"对所绘制的栏杆扶手进行调整或修改,如图 9.28 所示。

图 9.28　类型属性

单击完成后即可完成栏杆扶手的建模,如图 9.29 所示。

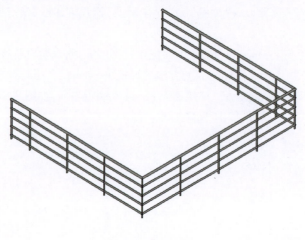

图 9.29　栏杆扶手

9.5　易犯错误提示

（1）高程限制条件

建模过程中会涉及很多构件的顶部标高、底部标高、标高偏移等限制条件的设置,这些限制条件务必设置正确,否则构件会产生很多错误且不利于后期修改。

（2）关于栏杆扶手对主体的拾取

栏杆扶手由于优化不完善,经常会出现拾取主体错误的情况,导致所建立的模型出现位置或形状的错误,通过建立族的方式进行导入可解决此问题,但绘制过程相较于软件自带的建立流程更加复杂。

教学项目 10　场　地

一般来说,场地设计是为了满足建设项目的要求,在基地现状条件和相关的法规、规范的基础上,组织场地中各构成要素之间关系的活动。本项目主要介绍场地的相关设置和地形表面、场地构件的创建与编辑的基本方法和相关应用技巧。

10.1　任务内容

①场地的设置。
②地形表面的创建。
③地形的编辑。
④合并表面。
⑤平整区域。
⑥建筑红线。
⑦场地构件。

10.2　相关知识

1）场地的设置

单击"体量和场地"选项卡下"场地建模"面板中的下拉菜单,弹出"场地设置"对话框,设置等高线间隔值、经过高程、添加自定义等高线、剖面填充样式、基础土层高程、角度显示等参数,如图 10.1 所示。

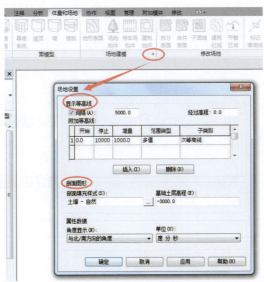

图 10.1　场地设置对话框

2）地形表面的创建

①打开"场地"平面视图，单击"体量的场地"选项卡下"场地建模"面板中的"地形表面"按钮，进入绘制模式，如图 10.2 所示。

图 10.2 "地形表面"选项

②单击"工具"面板中的"放置点"按钮，在选项栏中设置高程值，单击"放置点"，连续放置生成等高线，如图 10.3 所示。

图 10.3 "放置点"选项

③修改高程值，放置其他点。

④单击"表面属性"按钮，在弹出的"属性"对话框中设置材质，单击"完成表面"按钮，完成创建，如图 10.4 所示。

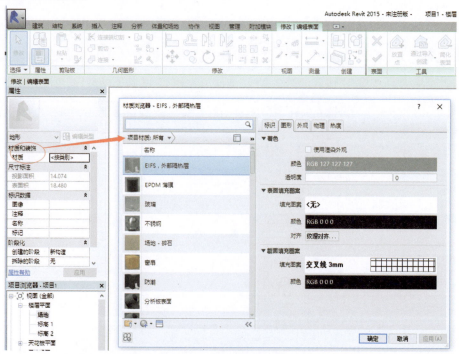

图 10.4 "表面属性"选项

3）地形的编辑

（1）地形表面子面域

子面域用于地形表面定义一个面积。用户可以为该面积定义不同的属性，如材质等。

①单击"体量和场地"选项卡下"修改场地"面板中的"子面域"按钮，进入绘制模式，如图10.5 所示。

图10.5 "子面域"选项

②单击"线"绘制按钮，绘制子面域边界轮廓线并修剪。

③在"属性"栏中设置子面域材质，完成绘制，如图10.6 所示。

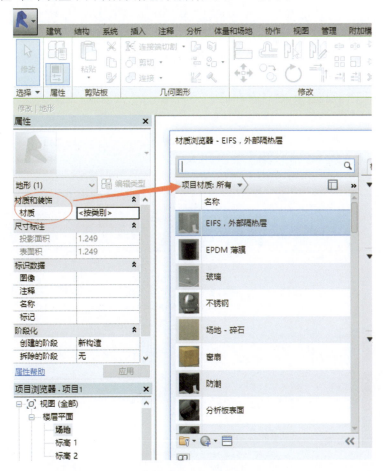

图10.6 材质属性

（2）拆分表面

将地形表面拆分成两个不同的表面，以便可以独立编辑每个表面。拆分之后可以将这些表面表示道路、湖泊，也可以删除地形表面的一部分。如果要在地形表面中框出一个面积，则用子面域命令即可。

①打开"场地"平面视图，单击"体量和场地"选项卡下"修改场地"面板中的"拆分表面"按钮，选择要拆分的地形表面，进入绘制模式，如图 10.7 所示。

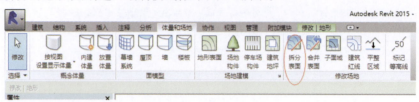

图 10.7　"拆分表面"选项

②单击"线"绘制按钮，绘制表面边界轮廓线。

③在"属性"栏中设置新表面材质，完成绘制。

4）合并表面

①单击"体量和场地"选项卡下"修改场地"面板中的"合并表面"按钮，勾选选项栏上的"删除公共边上的点"复选框。

②选择要合并的主表面，再选择次表面，两个表面合二为一。

5）平整区域

打开"场地"平面视图，单击"体量和场地"选项卡下"修改场地"面板中的"平整区域"按钮，在"编辑平整区域"对话框中选择下列选项之一：

①创建与现有地形表面完全相同的新地形表面。

②仅基于周界点创建新地形表面，如图 10.8 所示。

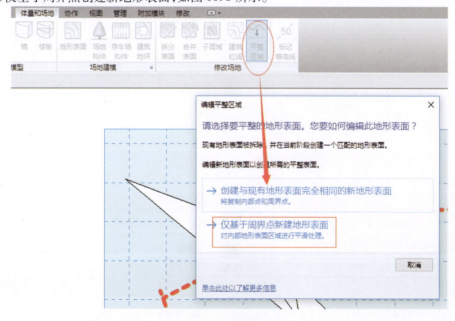

图 10.8　"平整区域"选项

选择地形表面进入绘制模式,做添加点或删除点、修改点的高程或简化表面等编辑,完成绘制。

6)建筑红线

(1)绘制建筑红线

①单击"体量和场地"选项卡下"修改场地"面板中的"建筑红线"命令,在弹出的下拉列表框中选择"通过绘制来创建"选项进入绘制模式。

②单击"线"绘制按钮,绘制封闭的建筑红线轮廓线,完成绘制。

(2)用测量数据创建建筑红线

①单击"体量和场地"选项卡下"修改场地"面板中的"建筑红线"下拉按钮,在弹出的下拉列表中选择"通过输入距离和方向角来创建"选项,如图 10.9 所示。

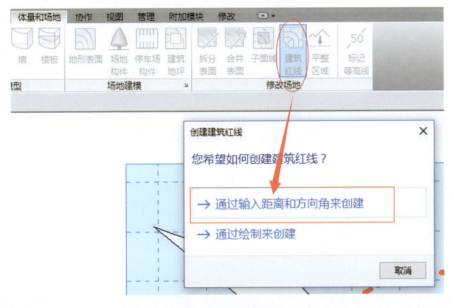

图 10.9　创建建筑红线

②单击"插入"按钮,添加测量数据,并设置直线和弧线边界的距离、方向、半径等参数。

③调整顺序,如果边界没有闭合,单击"添加线以封闭"按钮。

④确定后,选择红线移动到所需位置。

(3)建筑红线明细表

单击"视图"选项卡下"创建"面板中的"明细表"下拉按钮,在弹出的下拉列表框中选择"明细表/数量"选项。选择"建筑红线"或"建筑红线线段"选项,可以创建建筑红线、建筑红线线段明细表,如图 10.10 所示。

7)场地构件

(1)建筑地坪

①单击"体量和场地"选项卡下"场地建模"面板中的"建筑地坪"按钮,进入绘制模式,如图 10.11 所示。

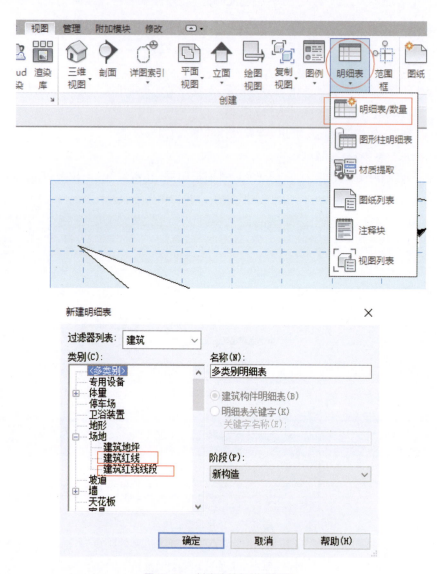

图 10.10　创建建筑红线明细表

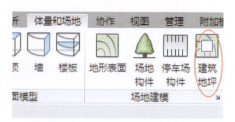

图 10.11　"建筑地坪"选项

②单击"拾取墙"或"线"绘制按钮,绘制封闭的地坪轮廓线,如图 10.12 所示。

图 10.12　"拾取墙"选项

③单击"属性"按钮设置相关参数,完成绘制。

（2）停车场构件

①打开"场地"平面,单击"体量和场地"选项卡下"基地建模"面板中的"停车场构件"按钮。

②在弹出的下拉列表中选择所需不同类型的停车场构件,单击放置构件,可以采用复制、阵列命令放置多个停车场构件。

选择所有停车场构件,然后单击"主体"面板中的"设置主体"按钮,选择地形表面,停车场构件将附着于表面上。

10.3　任务分解演示与学生练习

练习:创建一个宽 10 m、长 12 m 场地,如图 10.13 所示,要求合理设置场地参数并布置场地内部构件。

提示:绘制方法同 10.2 节所讲内容。

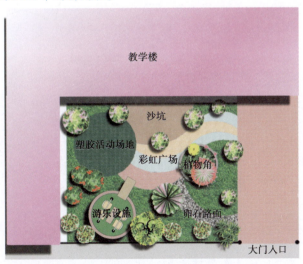

图 10.13　场地图

10.4　技能提高

导入地形表面,添加地形表面可通过导入数据的方式创建地形表面。创建过程如下:

①打开"场地"平面视图,单击"插入"选项卡下"导入"面板中的"导入 CAD"按钮,如果有

121

CAD 格式的三维等高数据,也可以导入三维等高数据,如图 10.14 所示。

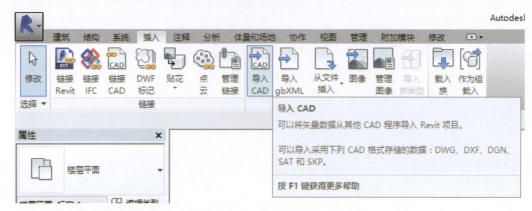

图 10.14　"导入 CAD"选项

②单击"体量和场地"选项卡下"场地建模"面板中的"地形表面"按钮,进入绘制模式。

③单击"通过导入创建"下拉按钮,在弹出的下拉列表中选择"选择导入实例"选项,选择已导入的三维等高数据,如图 10.15 所示。

图 10.15　"通过导入创建"选项

④系统会自动生成选择绘图区域中已导入的三维等高线数据。

⑤此时,弹出"从所选图形添加点"对话框,选择要将高程点应用到的图层,并单击"确定"按钮。

⑥Autodesk Revit Architecture 会分析已导入的三维等高线数据,并根据沿等高线放置的高程点来生成一个地形表面。

⑦单击"地形属性"按钮,设置材质,完成表面。

10.5　易犯错误提示

①通过导入数据创建地形表面,需要注意 CAD 文件中导入单位为"米","定位"为"自动-原点到原点"。

②在使用场地命令设置等高线时,禁用"间隔"选项,应删除"附加等高线"列表中的所有等高线,并插入两个等高线。

教学项目 11　体　量

　　体量建模是 Autodesk Revit 中供使用者建立异型构件的一种功能,它可以从其他软件中导入,也可以在 Autodesk Revit 中建立。Autodesk Revit 导入体量以后,一些常见构件可以根据体量的形状生成曲面模型,例如墙或者屋面,大大增强了 Autodesk Revit 建立大曲面模型的能力。

　　由于体量部分具有难度大、内容多的特点,故本书在此仅作简单讲解供读者了解。

11.1　任务内容

11.1.1　任务一　内建体量

①按照给定尺寸在项目中应用内建体量功能建立楼板,如图 11.1 所示。

尺寸条件如下:

a. 共 3 层标高,高程分别为 ±0.000 m、4.000 m、8.000 m。

b. 3 层轮廓均为正方形,边长由下到上分别为 10 000 mm、12 000 mm、16 000 mm。

图 11.1　创建楼板

②在项目中应用内建体量功能建立墙,如图 11.2 所示。(尺寸同上)

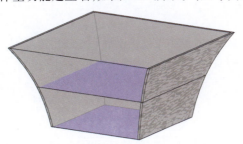

图 11.2　创建立墙

③在项目中应用内建体量功能建立屋顶,如图 11.3 所示。(尺寸同上)

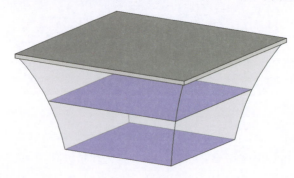

图 11.3 创建屋顶

11.1.2 任务二 创建体量族并载入项目

①按照给定尺寸创建体量族,将体量族导入项目,如图 11.4 所示。尺寸条件如下:

a. 顶点与底面,高程相差 4 000 mm。

b. 底面轮廓为正方形,边长为 10 000 mm。

②将体量族导入项目。

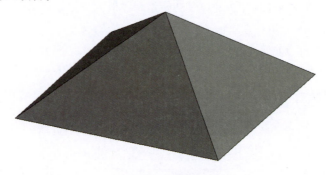

图 11.4 创建体量族

11.2 相关知识

11.2.1 体量的分类

体量按照建模的位置可分为内建体量以及体量族。内建体量即在项目内部建立的体量,仅用于本项目;当需要在项目中放置多个相同体量实例或者将同一个体量应用于多个项目时,一般使用体量族进行载入。

11.2.2 内建体量

内建体量首先要单击"体量和场地"选项,然后按照软件的设置情况决定选择"按视图 设置 显示体量"或者"显示体量 形状和楼层",如图 11.5 所示。

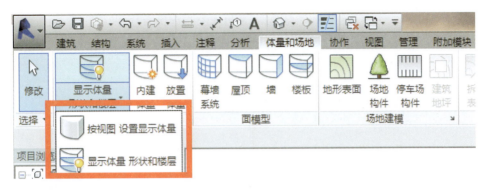

图 11.5　"体量和场地"选项

单击"内建体量"并且进行命名,之后进入编辑模式,如图 11.6 所示。

图 11.6　"内建体量"选项

通过"参照""平面"选项完成模型参照的绘制,通过"模型"选项完成体量轮廓线以及轨迹线的绘制,如图 11.7 所示。

图 11.7　"模型""参照"选项

进入绘制状态之后,根据需要对"放置平面""三维捕捉""偏移量"等选项进行设置,如图 11.8 所示。

图 11.8　设置"放置平面""三维捕捉""偏移量"

绘制完毕后,框选绘制的线并选择形成"实心形状"或者"空心形状",然后就生成了体量模型,如图 11.9 和图 11.10 所示。

　　体量模型建立后,选中所建立的体量模型,会出现关联选项卡,可以通过"分割表面""添加边""添加轮廓""融合"等操作完成相应的修改,从而生成更复杂的体量,如图 11.11 图和 11.12 所示。

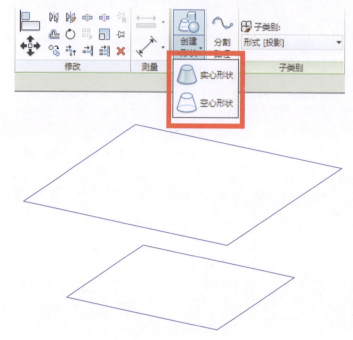

图 11.9　选择形状

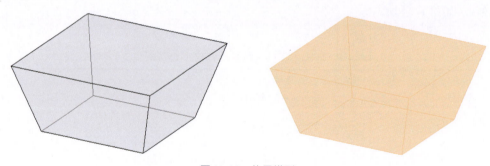

图 11.10　体量模型

图 11.11　关联选项卡

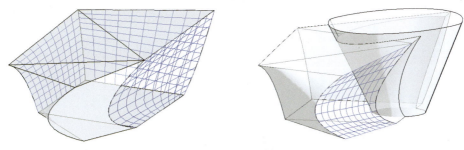

图 11.12　体量模型

11.2.3　建立体量族

体量族是通过外建族之后载入项目来完成应用的,其流程为"新建"→"族"→"概念体量"→"公制体量",随后的操作与上一节相同,完成体量模型后可在项目中选择"放置体量",将所建体量族导入。

11.3　任务分解演示与学生练习

11.3.1　任务一　分析与演示

①进入体量编辑模式,操作同 11.2.2 讲述内容。

②按照给定条件建立标高,如图 11.13 所示。

③进入标高 1 并按照给定尺寸绘制参照线,如图 11.14 和图 11.15 所示。

```
                                              8.000
──────────────────────────────────      ▽   标高3


                                              4.000
──────────────────────────────────      ▽   标高2


                                            ± 0.000
──────────────────────────────────      ▽   标高1
```

图 11.13　建立标高

图 11.14　绘制参照线

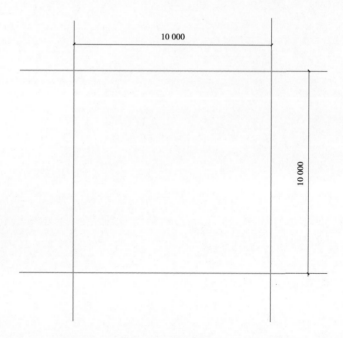

图 11.15 参照线尺寸

④在参照线的位置按照给定尺寸绘制模型线。虽然不绘制参照线也可以绘制模型线,但是不方便之后的参数化设计,故建议大家养成绘制参照线的习惯,如图 11.16 所示。

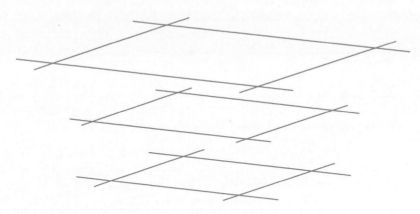

图 11.16 参照线和模型线

⑤在标高 4.000 m、8.000 m 处,保持图形中心不变,按照边长 12 000 mm、16 000 mm 同样绘制参照线以及模型线,完成效果如图 11.17 所示。

⑥框选全部图元,选择过滤器并且只勾选"线",单击"确定",如图 11.18 和图 11.19 所示。

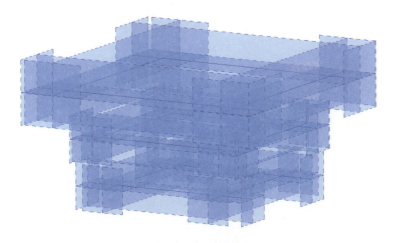

图 11.17　效果图

图 11.18　"过滤器"选项

图 11.19　勾选"线"

⑦单击"创建形状"并选择实心形状,完成效果如图 11.20 和图 11.21 所示。

图 11.20　创建形状

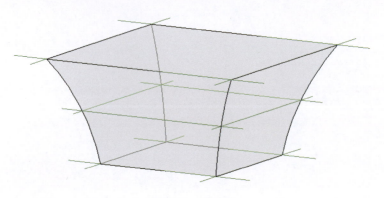

图 11.21　效果图

⑧单击"完成体量"退出编辑状态,如图 11.22 所示。

⑨选择完成的体量并在关联选项卡处单击"体量楼层"(图 11.23),勾选标高 1、标高 2 后单击"确定"完成。完成效果如图 11.24 所示。

图 11.22　"完成体量"选项　　　　　图 11.23　"体量楼层"选项

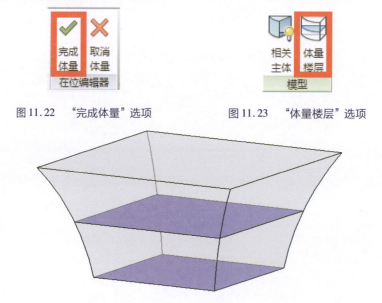

图 11.24　效果图

⑩单击"体量和场地"选项卡下的"楼板",框选楼层部分并单击关联选项卡下的"创建楼板"(楼板设置部分此处不详述),如图 11.25 至图 11.27 所示。

图 11.25　"楼板"选项

图 11.26　"创建楼板"选项

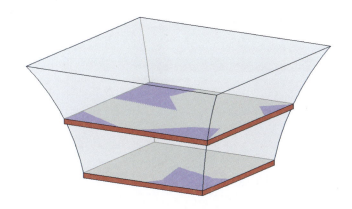

图 11.27　楼板效果图

⑪单击"体量和场地"选项卡下的"墙",确保关联选项卡位于"拾取面"的位置,单击体量的侧面生成墙体(墙体设置部分此处不详述),如图 11.28 至图 11.30 所示。

图 11.28　"墙"选项

图 11.29　"拾取面"选项

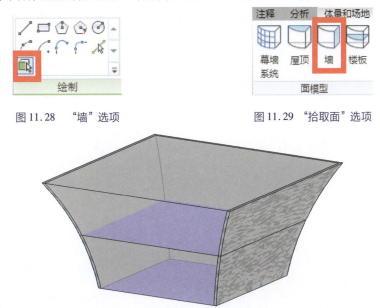

图 11.30　墙体效果图

⑫单击"体量和场地"选项卡下的"屋顶",选择顶层部分并单击关联选项卡下的"创建屋顶"(屋顶设置部分此处不详述),如图 11.31 至图 11.33 所示。

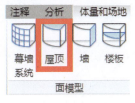

图 11.31　"屋顶"选项

图 11.32　"创建屋顶"选项

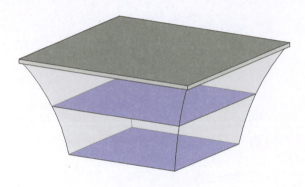

图 11.33　屋顶效果图

11.3.2　任务二　分析与演示

①创建体量族,操作同 11.2.3 讲述内容。

②进入标高 1 并按照给定尺寸绘制参照线,如图 11.34 所示。

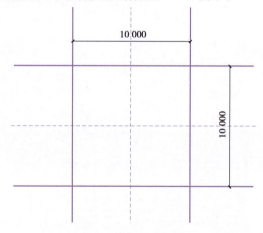

图 11.34　参照线尺寸

③在参照线的位置按照给定尺寸绘制模型线。

④进入东立面(东、南、西、北立面皆可),通过模型线绘制三角形,如图 11.35 所示。

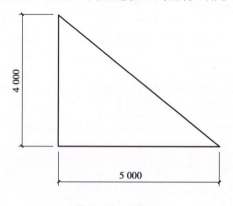

图 11.35　三角形

⑤框选全部图元,选择过滤器并且只勾选"线",单击"确定"。(与任务一操作相同故不再截图)

⑥单击"创建形状"并选择实心形状(与任务一操作相同故不再截图),如图 11.36 所示。

图 11.36 体量模型

⑦完成体量模型后,可在项目中选择"放置体量"将所建体量族导入。

11.4 易犯错误提示

(1)参照线的使用

参照线可以极大地提高体量建模时的可操作性与准确度,但是过多的参照线反而会影响建模时的视线,应该根据模型的特点合理安排参照线的位置。

(2)选择过滤器的使用

复杂体量中的图元繁多,对初学者而言经常会出现无法选中目标或选择错误等情况,因此合理使用选择过滤器是提高建模效率的重要环节。

(3)轮廓与路径之间组合的逻辑关系

体量建模与族的建模相似之处很多,因此族建模过程中易出现的问题在体量建模过程中也会出现。例如,最常见的放样轮廓与轨迹线位置关系不当会导致无法形成体量的情况。因此,在建模过程中多尝试变换轮廓与路径之间组合的逻辑关系能达到意想不到的效果。

教学项目 12　族

12.1　任务内容

12.1.1　任务一　族下载和添加实例

1）族的下载

对于 Autodesk Revit 授权用户，在正确安装软件后，将自动下载并获得系统族和标准构件族。但在实际项目的创建和执行过程中，经常会需要使用未包含在软件中的族，可以通过软件自带的云搜索功能，搜索 Autodesk 丰富的内建族，也可通过安装一些第三方的族库插件获得丰富的族库，还可以通过互联网获得需要的族或族库。

确定需要下载的族后，可在网上下载后使用。下面以在一个族库网站搜索并下载门族为例说明下载的步骤。

步骤1：确定需要门族，打开搜索引擎以关键字"族库"查找，如图 12.1 所示。

图 12.1　"族库"查找

在搜索结果中查找合适的条目进入族库下载页面，如易族库，如图 12.2 所示。

图 12.2　族库网站图

步骤 2：在网页上方的搜索栏输入关键字"门"，进行门族的搜索，可以得到这个网站上的所有门族列表，也可以在左侧栏目根据类型、族源或厂家等选择需要的族类，找到需要的门族后单击门族栏右侧的下载按钮，即可下载所选择的门族，如图 12.3 和图 12.4 所示。

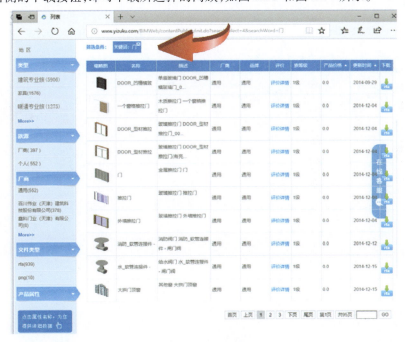

图 12.3　门族的搜索

图 12.4　"门族"列表页面

步骤 3：单击下载的族进入用户中心，在用户中心的"族管理"项下打开下载族，就可以看到已下载的族，单击需要的族栏目右侧的下载按钮，即可把这个族下载到本地硬盘，如图 12.5所示。

图 12.5　下载"门族"

2）族的添加

要将族添加到项目中,可以将加载的族拖曳到文档窗口中,也可以使用"文件"菜单上的"从库中载入"和"载入族"命令将其载入。当族载入项目中,载入的族会与项目一起保存。所有族将在项目浏览器中各自的构件类别下列出。执行项目时无须原始族文件,可以将原始族保存到常用的文件夹中。加载族到项目中可按以下步骤进行:

步骤 1:在"文件"菜单上,单击"从库中载入"栏的"载入族",如图 12.6 所示。

图 12.6　载入"族"

步骤 2:定位到门族的位置,如图 12.7 所示,选择族文件名,然后单击"打开"按钮。

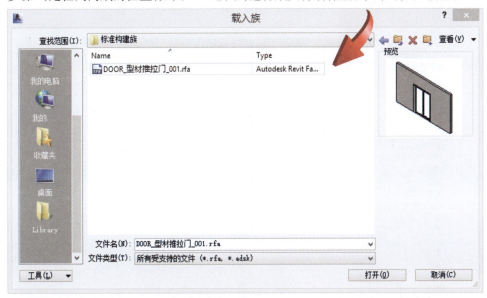

图 12.7　打开"门族"

步骤 3:在项目中,把加载的门族拖放到需要的位置,门族即加载到项目中,如图 12.8 所示。

在载入的门族栏目内可以编辑加载的门族参数,如图 12.9 所示,也可以单击"编辑类型"工具进行编辑,如图 12.10 所示。

扩展知识

- 互联网上有许多提供族库的网站,可以根据需要进行选择,平时可以注意收藏、保存较好的提供族库的网站,以便随时取用。
- 网站构件族里面的族可免费下载,精度较好,可在线预览 3D 模型、参数,安装 Autodesk Revit 插件可直接在 Autodesk Revit 环境里在线预览、选择加载构件族。
- 许多产品生产商提供的产品有对应的族,选取这些厂家的产品时,其生产商提供的产品族应用于项目能有效提高相关产品应用的准确度。

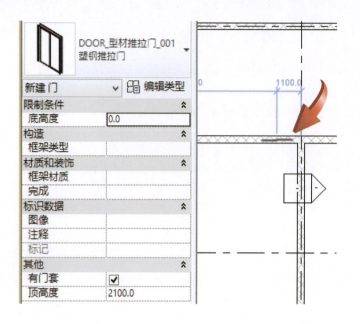

图 12.8　在项目中加载"门族"

图 12.9　门族参数　　　　　　　　图 12.10　编辑类型

● 在一些族库网站下载文件需要先注册为网站的会员,还有一些网站的族或族库需要付费才能下载。

● 在网上下载的文件,有些为压缩文件,可解压缩后使用。常用的解压缩软件有"WinRAR""WinZip"和"好压"等压缩/解压缩软件。

12.1.2 任务二 创建标准构件族实例

在项目中,Autodesk Revit 所提供的系统族或在网上找的族有时无法满足要求,在这种情况下可以创建族来满足相关的要求。建筑行业分为土建、机电和装饰等专业,机电专业在传统上包括暖通、给排水、强电、弱电、消防等方面,其中暖通(Heating, Ventilating and Air Conditioning, HVAC)按缩写的内容可理解为由采暖、通风、空气调节 3 个方面构成。下面以暖通专业的风管管件的创建为例介绍建立族的方法。

步骤 1:在 Autodesk Revit 中的"族"中选择"新建"选项卡,如图 12.11 所示。

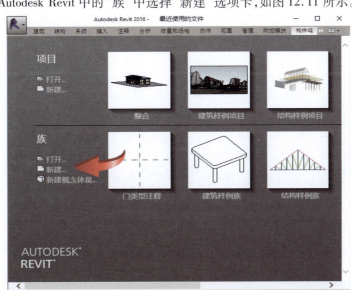

图 12.11 新建族

在"新建"选项卡打开后的"新族-选择样板"文件中选择"公制常规模型"(图 12.12),打开进入族编辑器界面(图 12.13)。

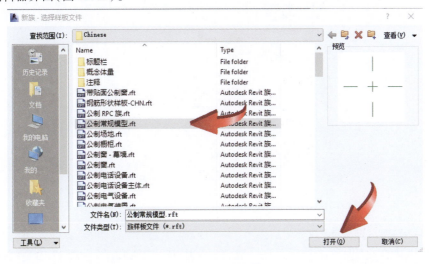

图 12.12 选择"公制常规模型"样板文件

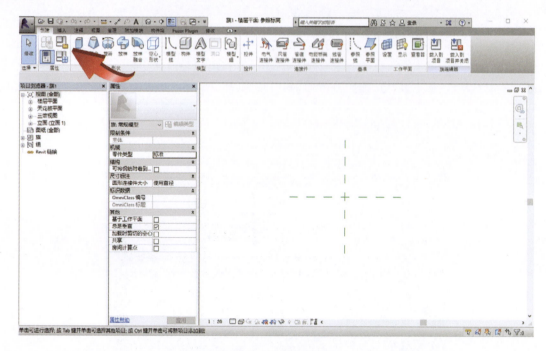

图 12.13　族编辑器界面

步骤 2：在族编辑器"属性"面板中打开"族类别和族参数"选项，选择族类别为"风管管件"，如图 12.14 所示。

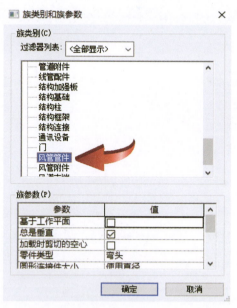

图 12.14　"族类别和族参数"选项

步骤 3：在"项目浏览器"面板中切换至"参照标高"楼层平面视图和"立面""前"视图，选择"创建"菜单"基准"栏里的"参照平面"工具绘制参照平面，如图 12.15 和图 12.16 所示。

图 12.15　"参照平面"选项

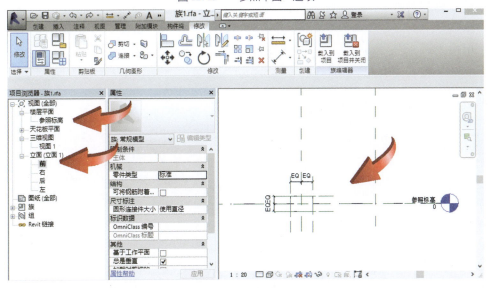

图 12.16　绘制参照平面

步骤4:在"项目浏览器"面板中切换至"参照标高"楼层平面视图,选择"创建"菜单"形状"栏里的"旋转"工具(图 12.17)绘制风管管件,这里用户创建的风管管件为"弯头"。

图 12.17　"旋转"工具

进入"修改 | 创建旋转"栏目,选择"绘制路径",在"绘制"栏目"边界线"项下选择"矩形"绘制风管截面,如图 12.18 和图 12.19 所示。

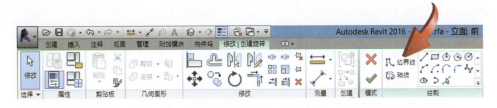

图 12.18　"边界线"项

141

图 12.19   "矩形"工具

使用"矩形"工具绘制出一个宽为 300 mm，高为 200 mm，风管壁厚为 1 mm 的风管截面，如图 12.20 所示。

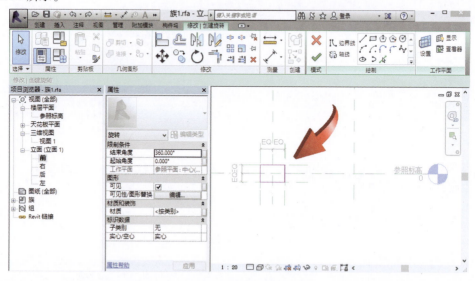

图 12.20   风管截面

在"立面""前"视图中用直线工具在参照平面上画出轴线，勾选"确认"按钮，得到 360°的风管旋转体，如图 12.21 所示。

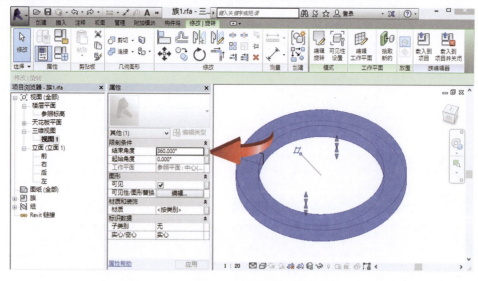

图 12.21   风管旋转体

在属性选项里调整旋转角度为 90°,得到风管,如图 12.22 和图 12.23 所示。

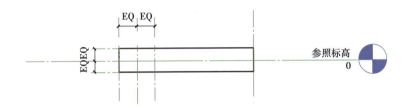

图 12.22　90°风管视图

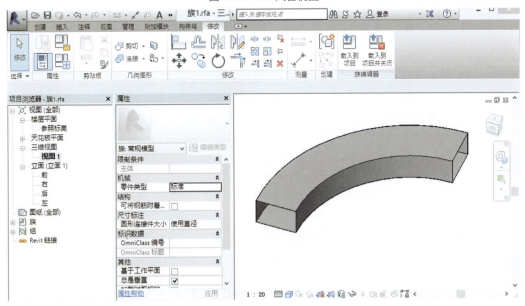

图 12.23　风管

步骤 5:在"创建"菜单"形状"栏中用"拉伸"方式绘制风管两头的法兰,最后完成风管弯头,如图 12.24 ~ 图 12.26 所示。

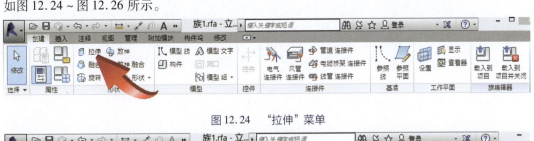

图 12.24　"拉伸"菜单

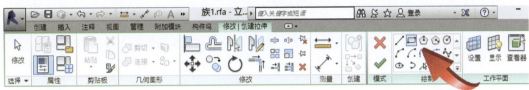

图 12.25　矩形工具绘制风管法兰

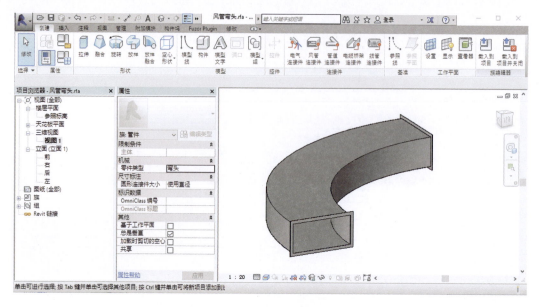

图 12.26　风管绘制完成

将完成的族保存或"载入到项目",完成风管弯头的绘制。

扩展知识

创建构件族注意事项

①选择适当的族样板;

②定义有助于控制对象可见性的族的子类别;

③布局有助于绘制构件几何图形的参照平面;

④添加尺寸标注以指定参数化构件几何图形;

⑤全部标注尺寸以创建类型或实例参数;

⑥调整新模型以验证构件是否正确;

⑦用子类别和实体可见性设置指定二维和三维几何图形的显示特征;

⑧通过指定不同的参数定义族类型的变化;

⑨保存新定义的族,然后将其载入新项目后观察如何使用。

12.1.3　任务三　建筑族和注释族创建实例

1)建筑结构柱的创建

步骤 1:启动 Autodesk Revit,选择"新建"项下的"族",如图 12.27 所示。

在样板文件中选择"公制结构柱.rft"样板文件,打开进入族编辑界面,如图 12.28 所示。

步骤 2:在"项目浏览器"面板中,确定当前视图为"楼层平面"→"低于参照标高"视图,视图中井字形的参照平面可为绘制柱的中心线和位置提供定位。族样板中已经为各参照平面标注了尺寸标注,并为参照平面的尺寸标注加了族参数"宽度"和"深度"标签,如图 12.29 所示。

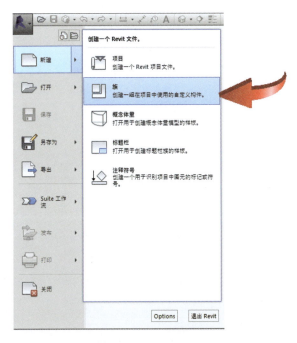

图 12.27　新建"族"

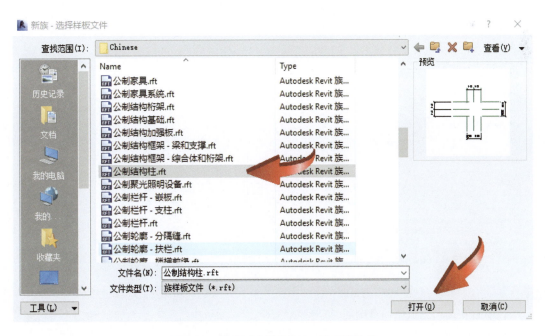

图 12.28　选择"公制结构柱.rft"样板文件

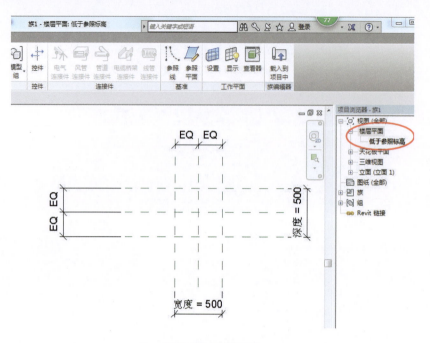

图 12.29　参照平面

使用"创建"菜单的"形状"栏里的"拉伸"工具,采用"矩形"绘制方式,分别捕捉参照平面的交点顶点,绘制出柱的矩形截面,在"族类型"对话框中调整"深度"和"宽度"值,可在视图上直观地看到数值调整后的变化,如图 12.30 和图 12.31 所示。

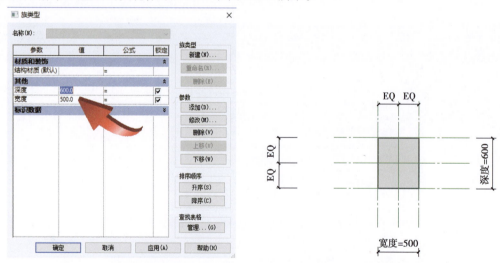

图 12.30　"族类型"对话框　　　　　　图 12.31　调整深度和宽度值

步骤 3:在编辑完成拉伸草图后,打开"项目浏览器"面板中"三维视图"的"视图 1",可以看到已生成的柱的三维立方体。选中立方体,在"属性"面板中输入"拉伸终点"的值"4000.0",也可以在视图中拖动立方体的高度操作夹点直到"高于参照标高"的位置,在出现锁定标记后单击锁定标记进行锁定,然后输入该族的名称进行保存,完成建筑结构柱的创建,如图 12.32 和图 12.33 所示。

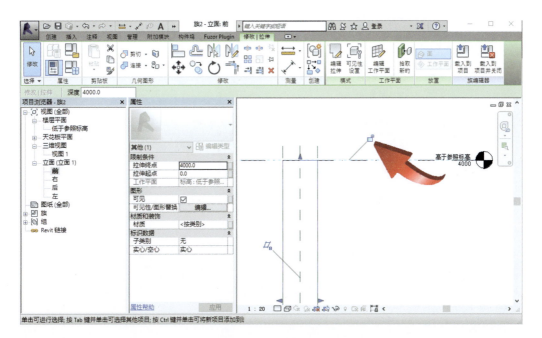

图 12.32　高度锁定

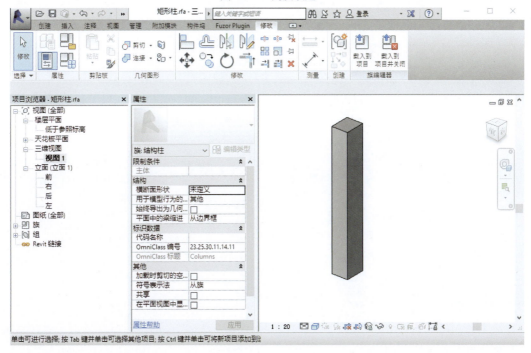

图 12.33　柱的创建

2）创建窗标记族

步骤 1：Autodesk Revit 启动后打开"新建"→"族"，进入样板文件的"注释"目录，选择"公制窗标记.rft"样板文件，如图 12.34 所示。

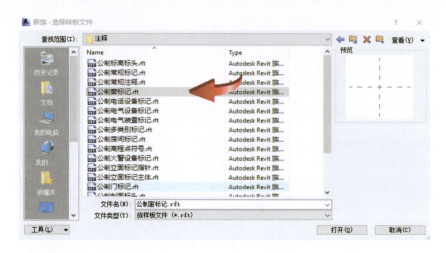

图 12.34　选择"公制窗标记. rft"样板文件

进入标记编辑界面,单击"创建"菜单"文字"栏目的"标签"工具,进入"修改|放置 标签"选项卡,在"格式"栏目中进行标记的格式设置,如图 12.35 所示。

图 12.35　格式设置

步骤 2:单击"属性"面板的"编辑类型"项,在"类型属性"对话框中,复制一个新的标签类型并确定新标签类型名称为"4 mm",修改"类型属性"中的"颜色"值为"红色","文字字体"值为"仿宋","文字大小"值为"4.0000 mm",如图 12.36 所示。

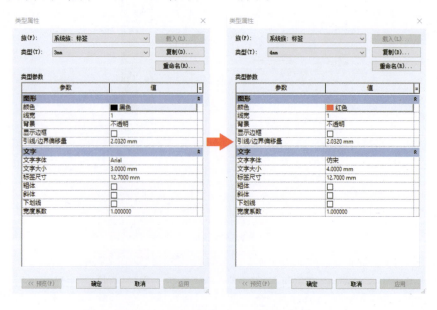

图 12.36　"类型属性"对话框参数调整

步骤 3：在视图平面上单击鼠标左键弹出"编辑标签"对话框，在对话框左侧列出了窗类别项的所有默认可用"类别参数"。这里可以选择标记所需的参数用"添加"按钮添加，添加的参数也可以用"移除"按钮进行移除。在"类别参数"列表中，选择"类型注释"参数添加到对话框右边的"标签参数"项下，把"标签参数"的"样例值"修改为"C101"，如图 12.37 所示。

图 12.37　"编辑标签"对话框

单击"确定"按钮关闭"编辑标签"对话框，标签将在视图中绘制，适当移动标签文字底部稍高于水平参照平面，在"创建"菜单"详图"栏中打开"直线"选项卡，在"子类别"中设置线形类别为"窗标记"，使用矩形工具按图 12.38 所示绘制矩形框。保存文件并命名为"窗类型注释.rfa"，完成窗标记族的创建。

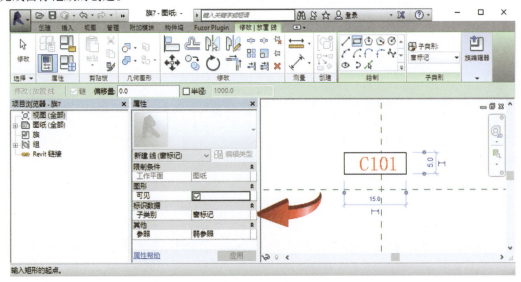

图 12.38　窗标记族的创建

12.2 相关知识

12.2.1 族的层级关系

Autodesk Revit 在系统中设定了类别(Category),不能随意改变,包括墙、柱、梁、门窗、屋顶和管道等。族属于 Autodesk Revit 项目中的某一个对象类别,如门、窗、环境等。在定义 Reivt 族时,必须指定族所属的对象类别。比如,在门的类别项下,可以建一个新族,名字可以定义为"推拉门"。族还可进一步细分为族类型,比如门族还可细分为不同宽度的,800 mm 宽的、1 200 mm 宽的等。族实例则是族类型下的具体的族的模型。图 12.39 为族的层级划分示意图。

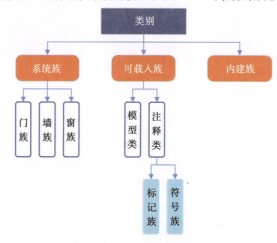

图 12.39 族的层级划分

12.2.2 族的分类

Autodesk Revit 有以下 3 种族类型:

(1)系统族

系统族是在 Autodesk Revit 中预定义的族,包含基本建筑构件,如墙、窗和门等。在基本建筑构件中还可以定义类型信息,如基本墙系统族包含定义内墙、外墙、基础墙、常规墙和隔断墙样式的墙类型。现有系统族可以复制和修改,但不能创建新系统族,可以通过指定新参数定义新的族类型。

(2)标准构件族

在默认情况下,可在项目样板中载入标准构件族,但更多标准构件族存储在构件库中。使用族编辑器创建和修改构件,可以复制和修改现有构件族,也可以根据各种族样板创建新的构件族。族样板可以是基于主体的样板,也可以是独立的样板。基于主体的族包括需要主体的构件,如以墙族为主体的门族。独立族包括柱、树和家具等。族样板有助于创建和操作构件族。标准构件族可以位于项目环境外,且具有".rfa"扩展名。可以将它们载入项目,从一个项目传递到另一个项目,如果需要还可以从项目文件保存到独立的库中。

（3）内建族

内建族可以是特定项目中的模型构件，也可以是注释构件，只能在当前项目中创建内建族。因此它们仅可用于该项目特定的对象，例如自定义墙的处理。创建内建族时，可以选择类别，并且使用的类别将决定构件在项目中的外观和显示控制。

12.2.3　参照平面和参照线

"参照平面"和"参照线"是族制作中较为常用的工具。用户经常会将模型实体锁定在参照平面上，由"参照平面"来驱动实体进行参变；而"参照线"主要是用来控制角度参变。

①打开"公制常规模型"族样板，绘制参照平面，当绘制多个参照平面时，可以为需要用到的参照平面指定名称，设置工作平面时可直接选择参照平面的名称。

②参照平面"是参照"是非常重要的属性。将参照平面选择"非参照"时，这个参照平面将无法捕捉，无法进行尺寸标注；当选择"强参照"时，该参照平面的优先级别最高，无论何时都能被捕捉到，就算很多图元重叠在一起，也能第一个被选中；当选择"弱参照"时，要选中该参照平面可能需要用到 Tab 键才能捕捉到。

③参照线比参照平面多了两个端点和两个工作平面，而且参照平面是以虚线显示的，参照线却是实线，在三维视图中只能看到参照线，看不到参照平面。

④绘制参照线，将其端点锁定在参照平面上进行角度注释，便可以利用其对实体的角度参变。

12.2.4　定义原点

"定义原点"是用来定义族的插入点。Autodesk Revit 软件默认（0,0,0）点作为插入点，一般不作修改。如放置矩形柱时，光标放置于该柱造型的中心线。"定义原点"可以只指定一个参照平面，如"公制窗.rft"的样板，只要是墙就能插入窗户，不需要定义交点。

12.2.5　族的参数设置

参数一般包含基本属性（文本型/数字型），外部属性（几何型/描述型/功能型）等，参数也用来描述模型的几何参量和内部属性（确值型/值域型/函数型）等。常用族参数除了常规的数学运算还有逻辑运算外，也可以利用一些小技巧来实现一些运算功能（取整、奇数和偶数等）。

（1）共享参数的运用举例

例如，梁配筋平法标注需要的参数包括梁编号、箍筋类型、架立筋类型、底筋类型、梁宽和梁高，实现方法是在梁族里添加以上参数，并让标签族读取这些参数。为了让梁族和标签族能够同时调用这些参数，就需要使用共享参数功能。其操作过程如下：

族的管理选项里有共享参数的按钮，点击后会跳出共享参数编辑对话框。首先创建一个共享参数文件，把需要的参数添加进去；然后建梁族和标签族，建族后在每个族里添加需要的参数并指定参数类型。建梁族时可以选择系统自带的族模板，把这些共享参数添加到族类型的参数里。需要注意的是，系统自带的梁族里，梁宽和梁高参数分别为 b 和 h。由于这两个参数不是共享参数，不能被其他族使用，需要将共享参数中的"梁宽"和"梁高"分别与初始参数里的 b 和 h 对应，这样就可以让标签族读取梁宽和梁高的数据。

建标记族时首先选择结构框架标记族作为模板，然后编辑标签，在类别参数中添加与梁族一样的共享参数,添加完成后,可以在标签参数栏中对这些共享参数的顺序、布置进行编辑,如增加括号、空格或者换行等,这样就可以在格式上符合平法要求。完成这两个族的编辑就有了实现梁配筋平法标记的工具,通过将配筋等信息输入梁模型中,就可以使用梁标签标记出平法表示。此外,共享参数还可以运用到明细表和过滤器中,作为可被选中的字段和类别。

(2)可见性参数的运用

建族时,有些族的类型相同,只是在形状上有少许不同。这种情况下可以通过设置族的可见性参数来区分。如二阶独立基础和三阶独立基础,外形类似,区别只是一个为二阶、一个为三阶。首先创建一个三阶基础族,然后在族中创建一个可见性参数,选择最下方的一阶,在其属性框中找到可见性,并为之添加设置好的可见性参数。设置完成后,在结构基础族中增加两个族类型,分别命名为三阶独立基础和二阶独立基础。可见性参数打钩即三阶完整显示的作为三阶独立基础类型;参数不打勾即显示为二阶的作为二阶独立基础类型。

12.2.6 参数关联

在 Autodesk Revit 中,族参数是实现参数化设计的非常重要的一部分,它对族的高度自由重复使用起到了关键作用。

Autodesk Revit 中族参数可以分为以下三大类型:

(1)族参数

族参数也是在做参数化族时使用最普通的一个参数类型。

特点:把族载入项目后,族参数不能出现在明细表或标记中,也就是说在用明细表进行统计或标记注释时无法使用该参数。

(2)共享参数

共享参数是在需要将参数应用到明细表和标记时所需要创建的参数类型。

特点:多项目和族共享参数名称。载入项目后会出现在明细表和标记中。共享参数需要创建一个单独的 txt 文件来保存和传递参数。

(3)特殊参数

当选择不同样板或将族类别选择为不同类型时,在族类型的界面里会自动添加一些参数,即特殊参数。特殊参数用户是不能删除和修改的。

特点:特殊参数为系统自动创建,用户不能修改和删除,但可以重命名。

12.2.7 类型目录

当族的类型很多时,创建族的类型目录可以有效减少族的编辑工作量,避免出错,并减少大量加载族所占用的计算机内存,提高运行相应速度。创建族的类型目录的步骤如下:

①打开一个族文件,在族编辑器中导出".txt"格式的类型目录文件。

②用 Excel 软件编辑导出的类型目录文件,利用文本导入向导,对文档中的数据分配单元格,生成第一行是类型中的参数名称及单位,第二行是相应参数的参数值的表格。

③在 Excel 表格中添加新增的类型名称和相关的值,完成编辑后以".csv"文件格式保存在与族相同的文件夹中。

④再打开族,导入族类型,打开刚编辑的类型目录,把类型目录导入族中。

⑤保存或在项目中载入建立了类型目录的族,在选择类型的对话框中就可看到在类型目录中编辑的所有类型,选择需要载入的类型即可。

12.3 任务分解演示与学生练习

12.3.1 任务一 族下载和添加

任务分解演示参见右侧视频演示。

12.3.2 任务二 创建标准构件族

任务分解演示参见右侧视频演示。

视频演示

12.3.3 任务三 建筑族和注释族创建

任务分解演示参见右侧视频演示。

12.4 技能提高

(1)族库插件"构件坞"的下载、安装和使用

"构件坞"是一个针对 Autodesk Revit 开发的为用户提供免费族文件下载、预览和使用的专业工具。在浏览器地址栏输入网址后进入"构件坞"网站,点击"立即下载",下载"构件坞"插件,如图 12.40 所示。

图 12.40 下载"构件坞"插件

安装下载的文件后,启动 Autodesk Revit 会在菜单栏增加一个"构件坞"菜单项。点击"构件坞"菜单"免费族库"栏目的"云构件",即可通过云构件分专业和类别进行浏览,选中族文件,点击"布置"按钮即可下载和放置相应的构件族,如图 12.41、图 12.42 所示。

图 12.41 "构件坞"菜单

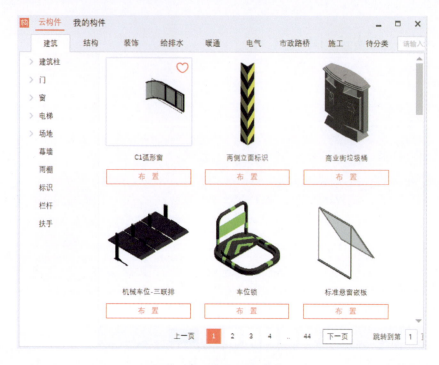

图 12.42　云构建族分类列表

（2）典型案例 MEP 族创建与编辑

如图 12.43 所示为上海某空调厂生产的卧式明装风机盘管,现以这个风机盘管为例进行 MEP 族的创建与编辑。

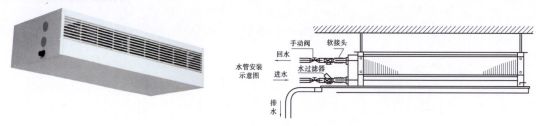

图 12.43　卧式明装风机盘管

风机盘管的尺寸如图 12.44 所示。

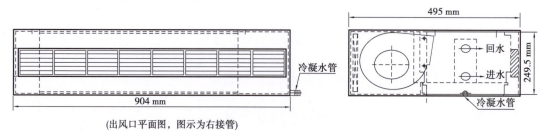

（出风口平面图,图示为右接管）

图 12.44　风机盘管的尺寸图

步骤 1:启动 Autodesk Revit,新建族,选择"公制机械设备.rft"样板,如图 12.45 所示。

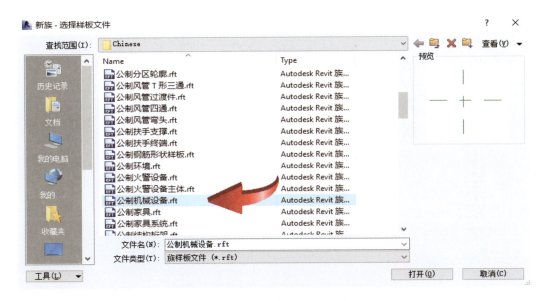

图 12.45　选择"公制机械设备.rft"样板

点击"打开",在"创建"菜单"属性"栏中打开族类型对话框,按表 12.1"添加"设定参数,如图 12.46 所示。

表 12.1　风机盘管的参数表

参数名称	规程	参数类型	参数分组方式	类型/实例	数值/公式
风机盘管高度	公共	长度	尺寸标注	类型	249.5 mm
风机盘管宽度	公共	长度	尺寸标注	类型	495 mm
风机盘管长度	公共	长度	尺寸标注	类型	904 mm
进水口直径	管道	管道尺寸	尺寸标注	类型	3/4" FPT
回水口直径	管道	管道尺寸	尺寸标注	类型	3/4" FPT
冷凝水口直径	管道	管道尺寸	尺寸标注	类型	3/4" FPT
水量	管道	流量	机械	类型	0.46 L/S
水压损	管道	压力	机械	类型	19.60 kPa
电压	电气	电压	电气	类型	240 V
级数	电气	级数	电气	类型	1
进水口高度	公共	长度	尺寸标注	类型	104.75
回水口高度	公共	长度	尺寸标注	类型	189.75

图 12.46　设定风机盘管的参数

步骤 2:绘制三维形体。首先绘制参照平面。点击"尺寸标注",并通过"标签"选择对应的尺寸,如图 12.47 所示。然后绘制几何形体。点选"创建"→"形状"→"拉伸"→"绘制"→"矩形"按钮创建几何形体,锁定尺寸。同理,用"空心形状"和"阵列"等工具来完成风口、水管的绘制,如图 12.48 所示。

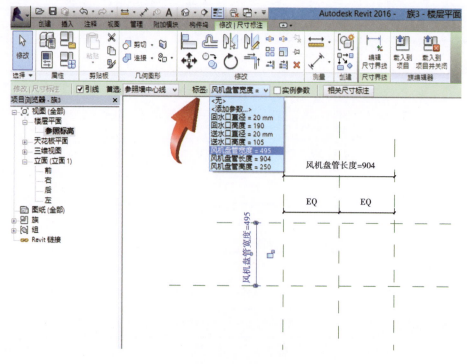

图 12.47　尺寸标注

图 12.48　风口、水管的绘制

步骤 3：添加连接件。风机盘管需要添加进水管、回水管以及冷凝水管的连接件，单击"创建"→"连接件"→"管道连接件"按钮，选择回水管连接平面添加连接件，在"属性"栏中选择"流量"为关联族参数的"水量"，"直径"为关联族参数的"回水口直径"，点击"流向"和"系统分类"，根据连接件性质进行设置，完成回水管连接件的添加。同理，完成进水管以及冷凝水管的连接件的添加和关联参数设置，如图 12.49 所示。

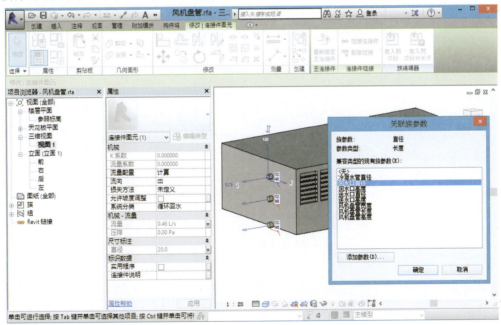

图 12.49　关联参数设置

步骤 4：保存为"风机盘管.rfa"族文件或载入项目，完成 MEP 族的创建。

12.5 易犯错误提示

（1）族创建中空心剪切出现的错误

族模板选择基于面或者板时，当空心剪切布置在板中间，就可以实现自动剪切楼板，完成开孔。但将族布置在两楼板交界处时，会出现只有一侧的楼板实现了开孔，而且也无法使用剪切命令将另一侧楼板开孔的问题。为避免这个问题，通常选择用常规模板来做空心剪切开孔。如果在族里使用空心模型剪切了实体模型，当将族载入项目时，会发现这个族根本就无法开孔。这是由于既然空心模型对族中的板进行了剪切，那就与这块板成为一个整体，自然无法去剪切别的板了。因此，如再增加一个空心模型，该空心模型的尺寸和定位都与之前的空心模型一致，原先的空心模型用于剪切族中的实体，而增加的空心模型则可以用于载入项目后剪切项目中的实体，这样即可在族载入项目时对板进行开孔。

使用空心模型进行剪切时有两点需要注意：

①由于是在族中增加了空心模型，因此当选用基于面或板的族时，族会自动在项目中选择的板上开孔，但是交界处的其他板还需要使用剪切功能；而常规模板的族，则按照通常情况，对每个板使用剪切命令：点选剪切命令后先选中需要剪切的实体，再选中族完成开孔。

②无论选择哪种模板，在族中一定要单击"加载时剪切"。

（2）插入建筑柱时不与墙自动合并

在项目中载入自定义的建筑柱族时，有时会发现插入的建筑柱不与墙自动合并。这种情况是在定义建筑柱时，在其"属性"中的"类别和参数"的对话框中未勾选"将几何图形自动连接到墙"的选项。勾选此项则可避免此类问题。

（3）Autodesk Revit 默认族样板文件无效

Autodesk Revit 安装完成后，因为网络问题或者安装包问题出现没有样板文件的情况时，可以到已经正常安装完成该软件的计算机中复制样板文件，或者到网络上寻找 Autodesk Revit 样板文件包，将拷贝或下载文件中的"Chinese"文件夹复制到 C:\ProgramData\Autodesk\RVT 2016\Family Templates 里（以 Autodesk Revit 2016 为例），确认样板文件的默认位置为刚复制的文件目录，重新启动 Autodesk Revit 后即可正常看到样板文件。

这里需要注意的是，C:\ProgramData 默认为隐藏目录，在 Windows 操作系统中，要显示隐藏目录需要在文件浏览器中选择显示隐藏目录后才可以看见。

13.1 任务内容

13.1.1 任务一 创建和布置视图

①根据全国一级 BIM 技能等级考试第七期第五题图纸(图 13.1)创建首层平面图和 1—1 剖面图,并分别布置在 A0 图纸上。

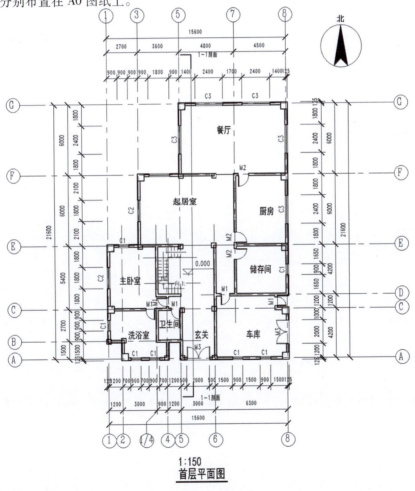

图 13.1 例图

②根据表 13.1 门窗类型及尺寸要求放置门窗构件并创建门窗明细表(提取类型、宽度、高度、底高度和合计字段),并将明细表布置在首层平面图 A0 图纸上。

表 13.1　门窗参数表

编号	类型	尺寸(mm×mm)	数量	编号	类型	尺寸(mm×mm)	底高(mm)	数量
M1	单扇平开玻璃门	750×2 100	5	C1	固定窗	900×2 100	900	7
M2	单扇平开玻璃门	900×2 100	3	C2	固定窗	1 800×2 100	900	2
M3	双扇平开玻璃门	2 000×2 100	2	C3	固定窗	2 100×2 100	900	6

13.1.2　任务二　打印

设置并打印任务一中布置好的 A0 图纸。

13.2　相关知识

13.2.1　创建图纸

①单击"视图"选项卡下"图纸组合"面板中的"图纸"按钮(图 13.2),在弹出的"新建图纸"对话框中通过"载入"得到相应的图纸。此处以选择载入图签"A0 公制"图幅为例,单击"确定"按钮,完成图纸的新建。

图 13.2　图纸创建

②创建图纸视图后,在项目浏览器中"图纸"项下自动增加了图纸"J0-1-未命名",根据制图或出图需要,可将图纸名称重命名,如图 13.3 所示。

13.2.2　视图排布和编辑

创建图纸后即可在图纸中添加建筑的一个或多个视图,包括楼层平面、场地平面、天花板平面、立面、三维视图、剖面、详图视图、绘图视图、图例视图、渲染视图及明细表视图等。将视图添加到图纸后还需对图纸位置、名称等视图标题信息进行设置。

(1)布置视图的步骤

①定义图纸编号和名称:在项目浏览器中展开"图纸"选项,选中图纸"J0-1-未命名",用鼠标右键单击弹出快捷菜单,菜单中选择"重命名",弹出"图纸标题"对话框,如图 13.4 所示。按图示内容定义,也可根据需要将图纸进行重命名。

②放置视图:在"J0-1 首层平面图"图纸视口中,在项目浏览器中左键单击"首层平面图"并按住鼠标左键,拖曳楼层平面"首层平面图"到"J0-1 首层平面图"图纸视图,在合适位置再次单击鼠标左键完成放置,如图 13.5 所示。

图 13.3　项目浏览器

图 13.4　重命名图纸

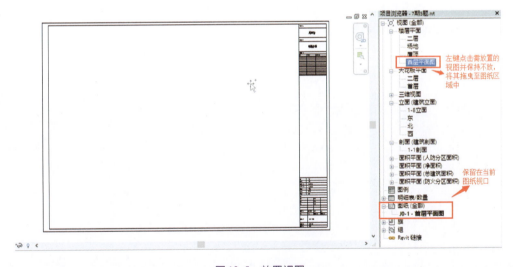

图 13.5　放置视图

③添加图名：选择拖进来的首层平面视图，在"属性"中修改"图纸上的标题"，系统默认标题为视图名称，可根据需要自行修改，如改为"独栋别墅首层平面图"，如图 13.6 所示。使用操作可分别建立其他楼层平面图纸及立面、剖面图纸。拖曳图纸标题到合适位置，并调整标题文字底线到适合标题的长度。

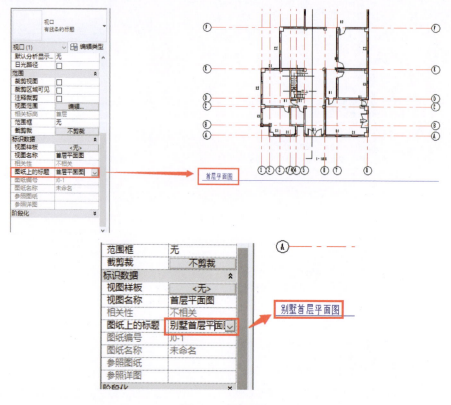

图 13.6　添加图名

④改变图纸比例:如需修改视图比例,可在图纸中选择"J0-1 首层平面图"并单击鼠标右键,在弹出的快捷菜单中选择"激活视图"命令。此时,图纸标题栏灰显,单击绘图区域左下角视图控制栏比例,弹出比例列表,可选择列表中的任意比例值,也可选择"自定义"选项,如图13.7所示。

图 13.7　改变视图比例

视图修改好后,在空白处双击鼠标左键即可完成比例尺修改,若出现图元位置问题,可选中图元部分,将其拖动到图纸内合适位置即可,如图 13.8 所示。

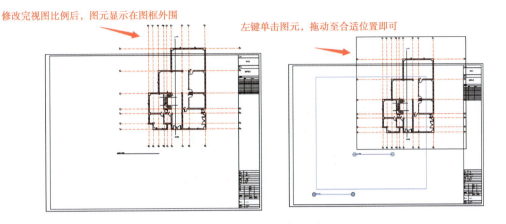

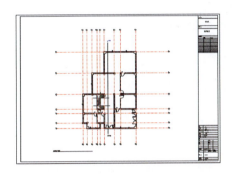

图 13.8　放置视图

（2）明细表

明细表是通过表格的形式来展现图元的各项参数信息。项目模型中的任何修改,都将在明细表中自动更新,同时还可通过"明细表/数量"工具将项目模型中各类图元信息通过对象类别统计以列表显示并添加到图纸中打印输出,如各类建筑构件(门、窗、幕墙嵌板、墙等)及其材质明细。

①新建明细表。单击"视图"选项卡下"创建"面板中的"明细表"下拉按钮,通过"明细表/数量"工具创建所需各类构件明细表,如图 13.9 所示。

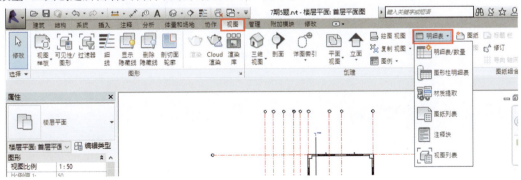

图 13.9　新建明细表

在弹出的下拉列表中可通过"过滤器列表"弹出勾选框,快速选定构件类型,此处以建筑构件"门"为例创建门明细表。在"类别"列表框中找到"门"类型,选中后软件默认将名称改为"门明细表",也可根据需要自行修改名称。单击"确定"按钮后进入明细表属性,如图 13.10 所示。

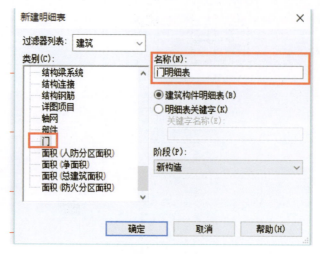

图 13.10　门明细表

②在弹出的"明细表属性"对话框"字段"选项卡中,"可用的字段"列表框中显示为可在明细表中显示的各类参数,一般选择类型、宽度、高度、注释、合计等参数,添加到右侧"明细表字段"列表框,并单击"上移"或"下移"按钮调节顺序,单击"确定"按钮完成创建,也可根据项目要求添加自定义字段(在族中自定义的参数仅使用共享参数才能显示在明细表中),如图 13.11 所示。

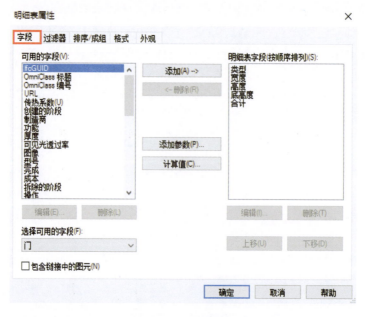

图 13.11　明细表字段

③切换到"排序/成组"选项卡,设置"排序方式"为"类型",根据要求选择明细表的排序方式,单击"确定"按钮完成,如图 13.12 所示。

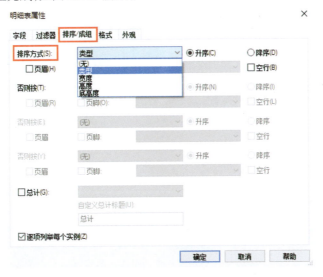

图 13.12　明细表排序

④设置明细表显示形式。切换到"外观"选项卡,可通过"网格线""轮廓"设置明细表外观样式,根据需要选中"显示标题""显示页眉"复选框,并设置"标题文本""标题""正文"样式,如设置为"3.5 mm 常规 仿宋"。切换到"格式"选项卡,"字段"中为当前明细表中所有可用字段,选择"类型"字段,根据要求选择标题方向和对齐方式,单击"确定"按钮完成图纸列表的属性设置和创建,如图 13.13 所示。

图 13.13　明细表外观设置

⑤完成上述步骤的操作即初步完成明细表创建,在项目浏览器"明细表/数量"和编辑区域中可看到创建完成的明细表,如图 13.14 所示。

⑥编辑明细表:

a. 单击表头各单元格,进入文字输入状态后可根据需要修改表头名称,如图 13.15 所示。

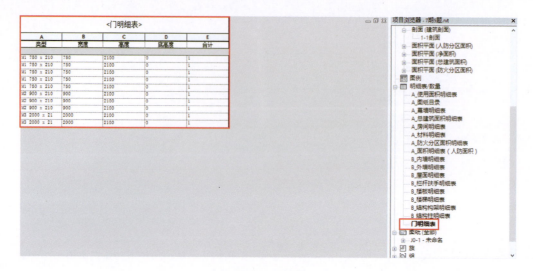

图 13.14　门明细表

<门明细表>				
A	B	C	D	E
类型	宽度	高度	底高度	合计
M1 750 x 210	750	2100	0	1
M1 750 x 210	750	2100	0	1
M1 750 x 210	750	2100	0	1
M1 750 x 210	750	2100	0	1
M1 750 x 210	750	2100	0	1
M2 900 x 210	900	2100	0	1
M2 900 x 210	900	2100	0	1
M2 900 x 210	900	2100	0	1
M3 2000 x 21	2000	2100	0	1
M3 2000 x 21	2000	2100	0	1

图 13.15　编辑明细表

b. 设置过滤条件。调出"明细表属性"面板中"过滤器"选项卡,在弹出对话框中根据要求设置"过滤条件"。如将条件设置第一组为"宽度""不等于""750",则明细表中显示"宽度不等于750"的门图元;若增加过滤条件如第二组条件为"高度""不等于""2 400",单击"确定"按钮则在明细表中显示"宽度不等于750 且高度不等于2 400"的门图元,如图13.16 所示。(之前已经设置好的明细表显示字段、排序/成组方式、格式和外观均可在属性面板中再次进行调整设置)

⑦保存和导出。用"Ctrl + S"快捷键可将创建好的明细表保存到已建好的项目文件中。

打开"应用程序菜单",选择"另存为"→"库"→"视图"命令,在弹出列表中选中创建好的明细表,单击"确定"即可保存为独立的 rvt 文件,如图13.17 所示。

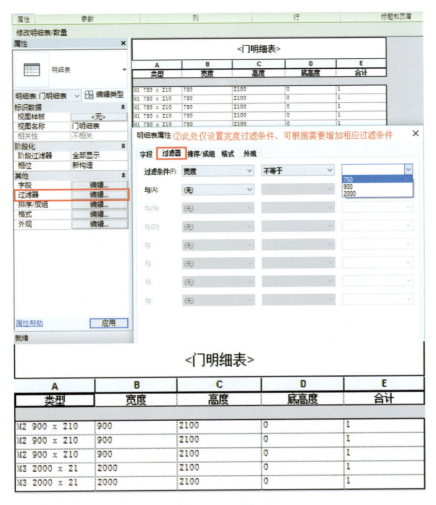

图 13.16　设置过滤条件

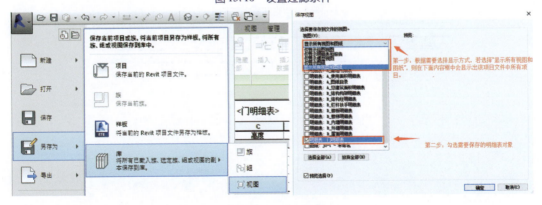

图 13.17　保存和导出

（3）图纸列表、措施表及设计说明

①新建图纸列表。单击"视图"选项卡下"创建"面板中的"明细表"下拉按钮，在弹出的下拉列表中选择"图纸列表"选项，如图 13.18 所示。

图 13.18　新建图纸列表

②在弹出的"图纸列表属性"对话框中根据项目要求添加字段。

③切换到"排序/成组"选项卡,根据需要选择明细表的排序方式,单击"确定"按钮完成图纸列表的创建,如图 13.19 所示。

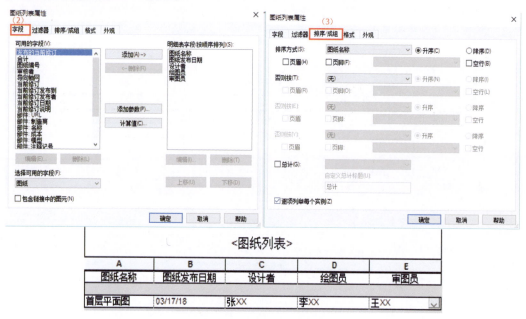

图 13.19　创建图纸列表

④单击"视图"选项卡下"创建"面板中的"图例"下拉按钮,在下拉列表中选择"图例"选项,在弹出的对话框中调整比例,单击"确定"按钮完成创建,如图 13.20 所示。

图 13.20　创建图例

⑤进入图例视图,单击"注释"选项卡下"文字"面板中的"文字"按钮,根据项目要求添加设计说明,如图 13.21 所示。

图 13.21　添加文字

⑥装修做法表可以运用房间明细表来做。单击"视图"选项卡下"创建"面板中的"明细表"按钮,在弹出的下拉列表中选择"明细表"选项,弹出"新建明细表"对话框,在"类别"列表框中选择"房间",修改名称为"装修做法表",如图 13.22 所示。

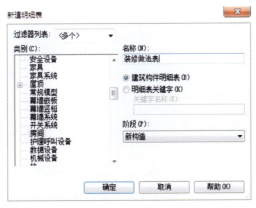

图 13.22　装修做法表

⑦单击"确定"按钮,弹出"明细表属性"对话框。在做装修做法表时,也要把内墙、踢脚、顶棚计算在内,在"明细表属性"中的"可用字段"列表框下是没有这几个选项的(图 13.23),可使用"添加参数"方式添加相应字段。(此方式在前面的内容中已有详细介绍,此处不再赘述)

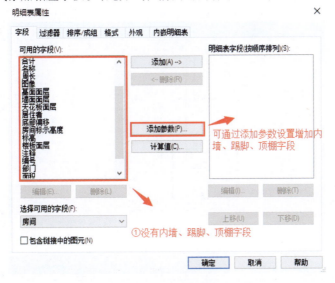

图 13.23　装修明细表

⑧在"明细表属性"对话框中选择"过滤器"选项卡,在"过滤条件"下拉列表中选择标高"首层"选项,如图 13.24 所示。

图 13.24　明细表过滤

⑨完成上一步操作后单击"确定"按钮,完成明细表的创建。

⑩在项目浏览器中分别把设计说明、图纸列表、装修做法表拖曳到新建的"J0-1 首层平面图"图纸中(示例仅展示添加"门明细表"后的图纸),需根据出图规范或图纸要求,将各明细表放至合适位置,如图 13.25 所示。

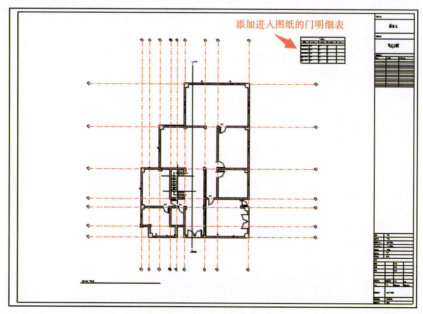

图 13.25　添加明细表至图纸

13.2.3　项目信息设置

①单击"管理"选项卡下"设置"面板中的"项目信息"按钮,按要求录入项目信息(主要涉及组织名称、建筑名称、项目发布日期、项目状态、客户姓名、项目地址、项目名称、项目编号等内容),单击"确定"按钮,完成信息录入,如图 13.26 所示。

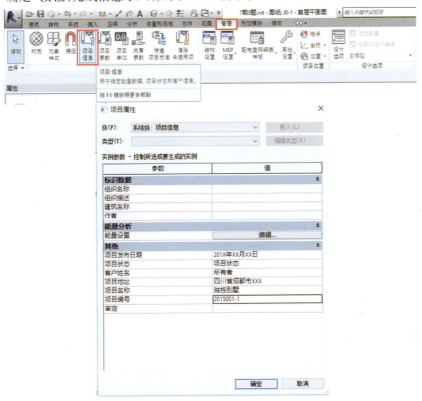

图 13.26　设置项目信息

②图纸里的审核者、设计者等相关内容可在图纸属性中进行修改,如图 13.27 所示。

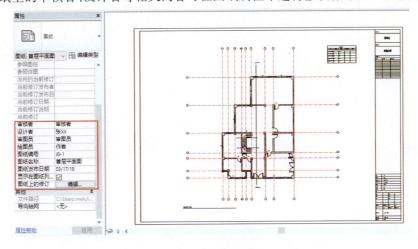

图 13.27　图纸属性

171

③至此完成了图纸的创建和项目信息的设置。

13.2.4　导出为 CAD 文件

Autodesk Revit 所有的平、立、剖面,三维视图及图纸等都可以导出为 dwg 格式图形,而且导出后的图层、线型、颜色等可以根据需要在软件中自行设置。

①打开要导出的视图(以创建好的"J0-1 首层平面图"图纸为例)。

②在应用程序菜单中选择"文件"→"导出"→"CAD 格式"→"DWG 文件"命令,弹出"DWG 导出"对话框,如图 13.28 所示。

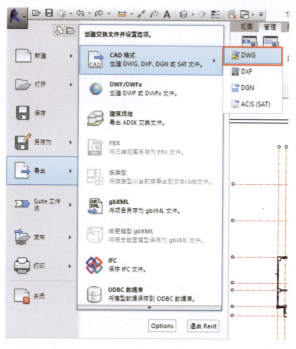

图 13.28　导出视图

③单击"选择导出设置"按钮,弹出"修改 DWG/DXF 导出设置"对话框,根据需要进行相关修改后单击"确定"按钮。根据需要选择对应的 CAD 版本命名保存即可,如图 13.29 所示。

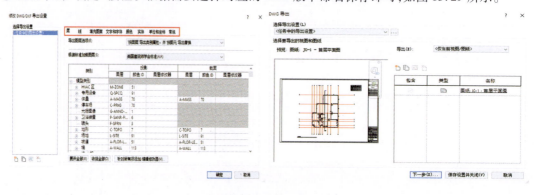

图 13.29　设置参数

④在"DWG 导出图层"对话框中的"图层名称"对应的是 AutoCAD 中的图层名称。以轴网

的图层设置为例,向下拖曳,找到"轴网",默认情况下轴网图层名称为"S-GRID",轴网标头的图层名称均为"S-GRIDIDM"或"S-GRID-IDEN",因此,导出后轴网位于"S-GRID"图层,轴网标头均位于图层"S-GRIDIDM"或"S-GRID-IDEN"上,无法分别控制线型和可见性等属性,如图 13.30 所示。

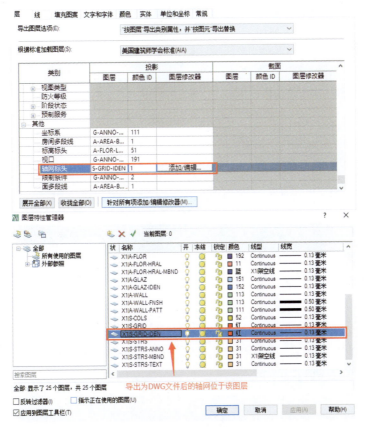

图 13.30　CAD 图层设置

⑤单击"轴网"图层名称"S-GRID",输入新名称"AXIS";单击"轴网标头"图层名称"S-GRID-IDEN",输入新名称"PUB_BIM"。这样,导出的 DWG 文件,轴网在"AXIS"图层上,而轴网标头在"PUB_BIM"图层上,较为符合用户的绘图习惯,如图 13.31 所示。

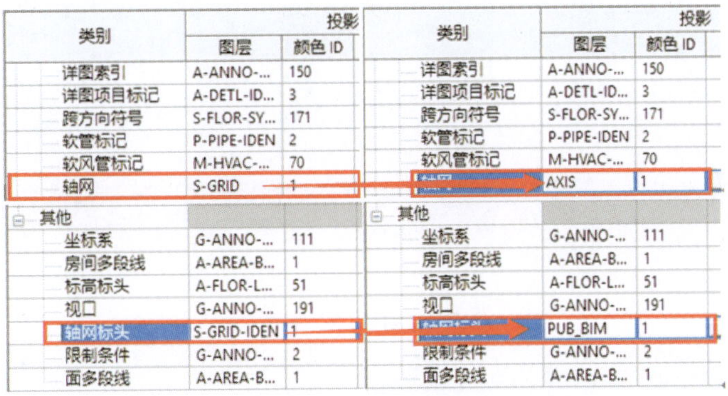

图 13.31　CAD 设置

⑥"DWG 导出"对话框中的颜色 ID 对应 AutoCAD 中的图层颜色,如颜色 ID 设为"7",导出的 DWG 图纸中该图层为白色。

⑦在"DWG 导出"对话框中单击"下一步"按钮,在弹出的"导出 CAD 格式保存到目标文件夹"对话框的"保存于"下拉列表中设置保存路径,在"文件类型"下拉列表中选择相应 CAD 格式文件的版本,在"文件名/前缀"文本框中输入文件名称。

13.2.5 打印与打印机设置

①创建图纸之后,可以直接打印出图。选择"应用程序菜单"→"文件"→"打印"命令,弹出"打印"对话框,如图13.32 所示。

②在"名称"下拉列表框中选择可用的打印机名称。

③单击"名称"后的"属性"按钮,弹出打印机的"文档属性"对话框,选择方向为"横向",并单击"高级"按钮,弹出"高级选项"对话框,如图 13.33 所示。

图 13.32 打印图纸

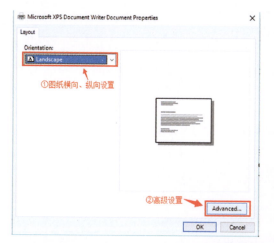

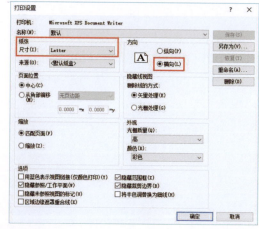

图 13.33 打印属性

④在"纸张规格"下拉列表框中根据要求选择纸张大小。如选择纸张"A2"选项,单击"确定"按钮,返回"打印"对话框,如图 13.34 所示。

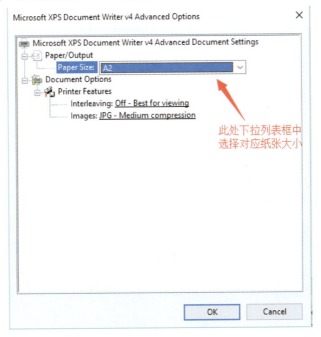

图 13.34 纸张规格设置

⑤在"打印范围"选项区域中选择"所选视图/图纸"单选按钮,单击下方的"选择"按钮,弹出"视图/图纸集"对话框,如图 13.35 所示。

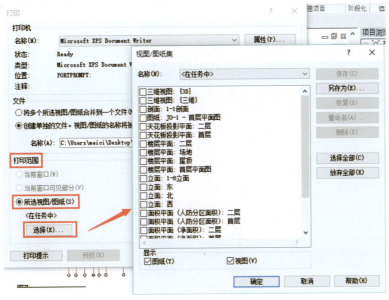

图 13.35 打印范围设置

⑥勾选对话框底部"显示"选项区域中的"图纸"复选框。

a.取消勾选"视图"复选框,对话框中将只显示所有图纸。

b.单击右边的"选择全部"按钮自动勾选所有已创建的项目图纸,单击"确定"按钮回到"打印"对话框,如图 13.36 所示。

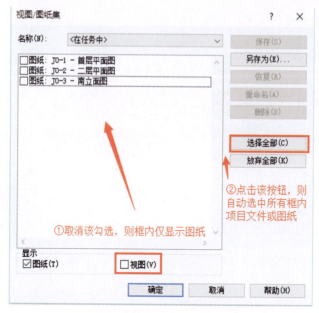

图 13.36　打印视图

⑦单击"确定"按钮即可自动打印图纸。

13.3　学生练习

①请根据教学项目 7"技能提高"任务内容,创建门窗明细表。
②请根据教学项目 2"技能提高"任务内容,将创建完成的轴网结果导出为 CAD 文件。
③请根据教学项目 2 将创建的 rvt 成果文件以 A2 图纸大小输出打印。

参考文献

[1] 卫涛,李容,刘依莲,等.基于 BIM 的 Revit 建筑与结构设计案例实战[M]. 北京:清华大学出版社,2017.

[2] 黄亚斌,王全杰,赵雪锋.Revit 建筑应用实训教程[M]. 北京:化学工业出版社,2016.

[3] 王琳,潘俊武,娄琮味,等.BIM 建模技能与实务[M].北京:清华大学出版社,2017.

[4] 益埃毕教育组.Revit 2016/2017 参数化从入门到精通[M]. 北京:机械工业出版社,2017.

[5] 郭进保.中文版 Revit 2016 建筑模型设计[M]. 北京:清华大学出版社,2016.

[6] 肖春红.Autodesk Revit 2016 中文版实操实练[M].北京:电子工业出版社,2016.

[7] BIM 工程技术人员专业技能培训用书编委会.BIM 建模应用技术[M].北京:中国建筑工业出版社,2016.

[8] 姜曦,王君峰,程帅,等.BIM 导论[M].北京:清华大学出版社,2017.

[9] 夏彬.Revit 全过程建筑设计师[M].北京:清华大学出版社,2017.

[10] 平经纬.Revit 族设计手册[M].北京:机械工业出版社,2016.

[11] 王君峰.Autodesk Navisworks 实战应用思维课堂[M].北京:机械工业出版社,2015.

[12] 胡煜超.Revit 建筑建模与室内设计基础[M].北京:机械工业出版社,2017.

[13] 刘鑫,王鑫.Revit 建筑建模项目教程[M].北京:机械工业出版社,2017.